베드로의 산사탐방

베드로의 **인사 탐방**

글 | 구자권

○○연중

차 례
●●●●●●

종교는 하나다

　이 책의 제목을 '베드로의 산사 탐방' 이라 한 것은 필자가 천주교회에서 받은 세례명이 베드로이기 때문이며, 가톨릭은 필자의 절대신앙이라는 점을 미리 밝혀둡니다.

　가톨릭이 이 땅에 정착하기까지는 크나큰 수난과 희생이 따랐습니다. 1631년 정두원이 중국을 통해 처음으로 가톨릭 서적을 들여왔고, 사랑. 평등. 평화를 핵심으로 하는 가톨릭 정신이 서학(西學)이라는 이름으로 당시 봉건사회에 파고들기 시작했습니다. 그리고 그 가톨릭 정신은 세도가나 양반계층의 수탈과 핍박에 좌절하고 있던 조선 말기의 하류계층뿐 아니라 유교에 억눌려 살던 여성들에게 구원의 빛이 되어 빠른 속도로 교세가 불어났습니다. 이에 당황한 기득권층에서 "천주학은 이치에 어긋난 이단으로 세상을 현혹하고 백성을 속인다."며 탄압하기 시작했습니다.

그리고 마침내 정조 15년(1791) 신해년(辛亥年) 박해를 시작으로 신유년(辛酉年) 박해, 기해년(己亥年) 박해, 병오년(丙午年) 박해 등 크고 작은 박해가 100여 년간이나 지속되며 1만 명이 넘는 천주교인이 처형되었습니다. 누구는 목을 잘리는 참형(斬刑)을 당했고, 망나니가 칼을 휘두르다 지치면 풀물에 적신 문종이를 얼굴에 발라 질식사 시키는 백지사형(白紙死刑)까지 동원되며 참혹한 순교의 역사가 전개되었던 것입니다.

그 당시 천주교인의 처형장이던 순교성지(殉敎聖地)가 남한에만도 111곳이나 되는데, 필자는 16개월에 걸쳐 그 모든 성지를 아내 심희섭 아나스타시아와 함께 답사하며 '무엇 때문에 목숨 대신 종교를 택했을까'를 생각했습니다. 십자가를 밟고 지나가거나 천주학을 배교(背敎)하겠다는 서약만 하면 살려주겠다는 조정의 회유에도 불구하고 죽음을 택할 만큼 종교의 가치가 중한가에 대한 해답을 얻기 위해서였습니다.

그러한 화두를 들고 처음으로 찾아간 곳이 경기도 광주에 소재한 천진암 성지였는데 그곳이 원래는 불교사찰이었다는 얘기를 들었습니다. 순간 스님들이 어떻게 천주교 순교자를 위해 부처님 자리를 내주었을까?라는 의문부호가 생겼습니다. 그때 뇌리를 스친 것이 이미 1,500여 년 전, 이 땅에 처음으로 순교의 피를 흘린 이차돈(異次頓)이라는 성인(聖人)이었습니다. 그리고 그의 후예들이 비록 종교는 다르지만, 자신들의 믿음을 지키기 위해 목숨을 버리는 천주교인들을 긍휼(矜恤)히 여겨 순교의 자리로 내어준 것이 아닐까 하는 생각을 하게 된 것입니다.

이처럼 나를 비롯한 모든 생명체를 긍휼히 여기는 측은지심(惻隱之心)이 자비 혹은 사랑이라는 종교 정신을 싹틔운 것이 아닐런지요. 하여 자비와 평등과 평화를 실천하는 종교는 모두가 하나라는 것을 깨닫게 되었고, 그것을 확인하고 확신하기 위해 따로 시간을 내어 부처님의 공간인 산사순례에 나섰던 것입니다. 그러나 사찰 주변의 영롱한 자연경관에 마음을 빼앗겨 정작 불교의 내면을 살피기에는 소홀했음을 자인하지 않을 수 없습니다. 다만 '불가득공(不可得空)'이라고, '일체 만물의 본체는 원래 구하려 해도 구할 수가 없으므로 공(空)이라 한다.'는 부처님의 말씀으로 미흡함에 대한 위안을 삼을 뿐입니다. 한 가지 수확이 있다면 무슨 종교가 되었든 신앙의 근본은 '사랑과 구원'이라는 것이고, 그것을 열심히 실천하는 종교인들은 모두가 하나라는 것을 깨달았다는 것입니다. 이러한 진리를 공감하기 위해 오랫동안의 산사 기행에 길벗이 되어준 張仁城 시인과, 모자란 글을 책으로 엮어주신 연중출판사 김중근 대표를 비롯한 편집진 여러분에게 깊은 감사를 드립니다.

2020년 가을,
강화 草率堂에서 구자권

자비와 평화를 실천하는
종교는 모두 하나

  흔히 '절'이라고 불리는 산중(山中)의 사찰은 스님들의 수행공간인
동시에 우리 민족의 역사가 살아 숨 쉬는 공간이고, 온갖 생명체들과
초목(草木)들이 더불어 살아온 터전입니다.

  사찰을 비롯한 성당이나 교회 등 종교적 장소는 그것이 가진 가치만
으로도 사람들에게 커다란 안식(安息)을 주는 곳으로서 그 역할을 수행
하고 있습니다. 특히 '산중의 사찰'은 주위를 은은히 감싸는 침묵(沈默)
과 적멸(寂滅)의 고즈넉함이 우리들의 마음을 평온(平穩)하게 해줍니다.
그래서인지는 몰라도 산사(山寺)에 들어서서 물소리, 새소리, 바람소리,
풍경(風磬)소리에 귀를 열어두기만 해도, 사계절마다 시시각각 변하는

꽃과 나무와 숲과 산이 어우러진 빼어난 경치를 그저 바라보기만 해도 일상에 지친 몸과 마음이 저절로 힐링(healing)된다고 하는 분들이 많습니다.

또한, 불교는 삼국시대와 고려시대 때에 국교(國敎)의 역할을 수행하였고, 조선시대 이후에도 우리 역사에 많은 영향을 미쳤습니다.

즉, 우리 문화(文化)의 한 부분이라고 할 수 있을 것입니다. 따라서 불교도(佛敎徒)는 물론이고 불교를 믿는 신자가 아니더라도, 역사적인 가치를 간직하며 많은 문화재를 가득 담고 있는 전국의 여러 산사를 찾아 우리 민족의 역사를 되돌아보고, 문화유산(文化遺産)의 우수성과 예술성을 느껴보는 것도 의미 있는 일이 될 것입니다.

이 책 '베드로의 산사탐방'은 독실한 가톨릭 신자인 구자권 베드로가 강화 전등사에서 제주 관음사에 이르기까지 우리나라의 대표적인 산사들을 돌아본 탐방기(探訪記)로써, 저자가 직접 발품을 팔아서 보고 듣고, 느낀 점을 생생히 기록하고 있기 때문에 산사를 찾는 이들에게 훌륭한 안내서가 될 것이라고 기대합니다.

이책은 저자가 '자비(慈悲)와 평화(平和)를 실천하는 종교는 모두 하나'라고 하는 깨달음과 믿음으로, 그것을 확인하고 확신하기 위하여 산사순례(山寺巡禮)에 나섬으로써 이 책이 탄생하게 되었습니다. 종교를 초월한 진리(眞理)에 공감하기 위하여 몸소 실천을 보여준 저자의 용기와 노고에 찬사를 드리는 바입니다.

끝으로, 이 책을 읽는 독자들께서 직접 산사 탐방에 나설 것을 권유 드립니다.

만일, 책에 소개된 사찰중에 템플스테이를 운영하는 사찰이 있다면 그 프로그램에 참여하여 산사의 삶을 잠시나마 체험까지 해 본다면 더 좋을 것이라 생각 됩니다.

한서(漢書)에 나오는 '백문(百聞)이 불여일견(不如一見)' 이란 말처럼 직접 경험해 봐야 더 확실히 알 수 있지 않을까요? 산사탐방이야말로 삶에 지친 현대인들이 복잡한 세간사(世間事)를 잠시 잊고서, 탐심(貪心)과 욕심(欲心)을 내려놓고 자신과 주위를 돌아봄으로써 '참 나'를 찾는 소중한 계기가 될 것이라 믿습니다.

2020년 가을
대한불교조계종 전등사 주지 여암(如岩) 합장

천주교와 불교를 아우르는
자비 · 사랑 · 평화

이 책의 저자인 구자권(具滋權) 선생은 직장에서 은퇴한 뒤 곧바로 고향인 강화도로 귀향하여 땅도 일구고 공부도 하면서 지역사회를 아름답게 가꾸고자 이런저런 봉사활동에도 열심히 참여하는 친절한 벗입니다. 그리고 귀농 7년차인 2019년에는 시골생활에 재미를 붙이기까지의 이런저런 체험담을 엮어 〈풀잎처럼 사랑처럼〉이라는 책을 펼쳐내기도 하더니 마침내 글재주를 인정받아 수필가로 문단에 이름을 올리는 행운을 누리기도 했습니다.

나와 저자는 강화역사문화연구소에서 주관하는 역사문화교육프로그램의 수강생으로 참여했던 것을 계기로 몇 해 동안 인연을 이어오고 있습니다. 그런데 독실한 천주교인으로 알았던 그가 오랜 동안 여러 곳의 이름난 불교사찰을 답사했고, 그 소회를 글로 옮겼다며 원고를 들고 왔습니다. 무척 의아스러웠지요. 이 나라의 천주교가 다른 종교까지도 포용하고 아우르는 범종교적(凡宗敎的) 자세를 취하고는 있다 해도 독실한 천주교신자가 어떻게 타종교인 불교에 대하여 이렇게 해박한 지식을 갖고 있으며, 또한 이토록 폭넓게 이해하려는 노력을 기울이고 있는 것인지에 대하여 의아하지 않을 수 없던 것입니다.

물론 불교사찰을 답사하기 이전에 남한에 산재한 천주교 순교성지 111곳을 모두 순례하였다는 이야기를 들은 바 있습니다. 저자는 이렇듯 천주교인으로서 천주교와 불교의 유적지 및 숭배의 건축물인 전국의 성당과 사찰을 많이 답사하면서 불교와 천주교와의 상관관계에 대하여도 깊은 관심과 사고를 많이 한 것으로 여겨집니다. 그리고 천주교와 불교의 상호관계를 남보다 더 이해함으로써 경기도 광주의 천진암 순교성지에서 약 1500년 전 이차돈의 순교를 떠올렸을 것입니다.

저자는 이렇듯 천성적으로 심사숙고(深思熟考)하는 타입으로 세상의 이론과 이치를 남보다 일찍 터득해 가는 것 같습니다. 하여 자비·사랑·평화라는 말들이 각 종교와는 어떤 관계가 있는지, 또 이러한 사상이 각기 어떻게 발전해 왔는지를 고민하여 왔으며, 드디어 자비·사랑·평화가 일체(一體) 사상이라고 간주(看做)하게 되었고, 결국 "종교는 하나"라고 귀결 짓고 있는 것이 아닌가 생각합니다. 그리고 저자는 장기간에 걸쳐서 전국의 종교현장을 몸소 체험하면서 여러 가지 사고 (思考)한 내용을 이 한 권의 책자에 기록하여 많은 분께 전해드리고자 합니다. 경향 각지에서 활동하시는 여러분께서 이 책을 통해 여행의 즐거움과 함께 산사의 풍광도 느껴보시기를 바랍니다.

2020년 가을
고려대학교 명예교수 공학박사 이성동(李成東)

강화
전등사 傳燈寺

'이 등에 불을 밝혀 세세토록 전하여 나라를 밝게하라.'
고려 충렬왕의 정비인 정화궁주의 소원이 담긴 전등사. 전등사의 불빛
이 밝히고 있는 강화는 땅과 물이 달기로 으뜸이다.

단군께서 세 아들을 시켜 쌓게 했다는 삼랑성(三郞城)에
둘러싸여 있는 전등사는 원래 고구려 소수림왕 2년인 서기 372년에 아
도화상(阿道和尙)이 창건하여 진종사(眞宗寺)라 했었다. 그러던 것이 고
려 충렬왕의 정비인 정화궁주(貞花宮主)가 옥으로 만든 등잔을 시주하
며 '이 등에 불을 밝혀 세세토록 전하여 나라를 밝게 하라' 고 소원했기
에 그 뜻을 이루겠다는 다짐으로 이름을 바꿔 전등사(傳燈寺)라 했다고
한다.

정화궁주는 충렬왕이 태자일 때 태자비로 간택된 정비(正妃)이다. 그
러나 원나라에 볼모로 끌려가있던 태자는 원의 황제 쿠발라이의 막내
딸인 제국대장공주(齊國大長公主)와 강제로 혼인한 처지가 되어 있었다.

부왕인 원종(元宗)이 죽자 귀국하여 왕에 즉위하였으나 정화궁주를 정비로 책봉할 수가 없었다. 지배국인 공주를 후비로 홀대할 수가 없었기에 정비인 정화궁주는 후비로 물러앉은 채 오만방자한 원나라 공주의 눈에든 가시가 되어 온갖 박해에 시달리며 일생을 보냈다. 그녀가 전등사와 인연을 맺게 된 것은 거란의 침입으로 고려 조정이 다시 강화로 피난 오면서부터다. 충렬왕은 원나라의 도움으로 거란을 물리치기까지 1년 반을 강화에 있었는데, 그때 같이 와있던 정화궁주는 제국대장공주의 박해를 피해 전등사를 찾아 불공을 드리는 것으로 위안을 삼았고, 부처님의 원력으로 고려가 외세의 속박에서 벗어나 광명을 찾기를 서원하며 옥으로 만든 등(燈)을 시주했던 것이다. 그러나 그것으로 어찌 사찰 이름을 바꿨다 할 수 있겠는가. 이미 부처님을 모셨으니 법등(法燈)을 밝힌 것이고, 그 등으로 사바세계를 환히 비추고 있음에 법맥을 바르게 전한다는 뜻으로 전등사라 하지 않았겠는가.

우리나라 사찰에는 왕실과 관련된 전설이 너무 흔하다. 고단한 중생을 제도하기 위해 세워진 불전이라면 이름 없는 초부(樵夫)나 서러운 아낙이 만들어 놓은 이야기도 있어야 마땅하다. 그러한 면에서 전등사 대웅전의 네 귀퉁이에 꿇어앉아 지붕을 받치고 있는 나부상(裸婦像)의 이야기는 참으로 정감이 넘친다.

대웅전을 다듬던 도편수에게 사랑하는 여인이 있었다. 전등사 사하촌인 온수리 저자에 있는 주막집의 젊은 주모였다. 그러나 사찰공역을 맡은 인부들은 그 공역을 마칠 동안 여자를 멀리하는 터부가 있었다. 정결하지 못한 몸과 마음으로 불전을 다듬다가는 부처님의 노여움을 사 큰 위해를 입는 사고가 난다고 믿어왔기 때문이다. 도편수 역시 주막집 여인을 멀리했다. 그러던 어느 날 그 여인이 욕정을 참지 못하고 다른 사내와 눈이 맞아 강화를 떴다는 소식이 들려왔다. 달려가 보니 사실이었다. 도편수는 주막집 여인을 저주하며 그녀의 벌거벗은 모습을 나무로 조각하여 대웅전 추녀 밑 네 귀퉁이에 받쳐 놓은 것이다.

하늘을 향해 솟구쳐 오른 추녀의 용마루 사이에 벌거벗은 채 무릎을 꿇고 무거운 지붕을 받치고 있는 가혹한 형벌은 실연당한 도편수의 통쾌한 복수인 셈이다. 그런데도 이 해학적인 전설은 매우 유쾌하다. 어떤 이들은 성스러운 불당에 어울리지 않는 저속한 것이라고 혀를 차기도 한다. 그러나 그 저속적인 질감의 이야기 속에는 민초들의 고달프고 해학적인 삶의 냄새가 물씬거리는 것이고, 민초라는 중생계를 보살피는 사찰이라면 이러한 전설쯤은 간직하고 있어야 오히려 자랑스러운 법이다.

그래서인지 전등사의 불빛이 밝히고 있는 강화는 땅과 물이 달기로 으뜸이다. 땅에서 거두는 농산물도 달고 알차서 높은 가격을 받아도 없어서 못 팔 지경이다. 특히 순무는 토착근성이 강해서 다리 건너 김포에만 옮겨놓아도 그 특유의 알싸한 맛을 내지 못하고 지지리 못생긴 일반 무가 되어버리고 만다니 '강남의 귤나무를 화북에 옮겨 심으면 탱자가 된다.'는 회남자(淮南子)의 '귤화위지(橘化爲枳)'란 말이 곧 이를 두고 하는 말이다.

　강화는 한반도의 수많은 섬 가운데 네 번째로 큰 섬답게 수산물도 흔하지만 더 큰 자랑은 달고 시원한 물맛이다.

　　"내가 한 달에 한 번씩 비행기를 타고 한국에 다녀오는 이유는 그곳 강화도에서 솟는 석간수를 받아오기 위해서다. 아시아대륙을 다 뒤져도 강화도 물보다 좋은 찻물은 만날 수가 없다."

　일본의 다선(茶仙)으로 통하는 일다암(一茶庵) 주인 쓰꾸다 야끼는 한 달에 한 번씩 한국에 와서 강화 정수사와 전등사 등지에서 솟는 석간수를 물통에 받아 비행기로 실어 날랐던 것이다. 물이 달면 몸도 달다고 했으니 비옥한 땅과 바다와 갯벌과 좋은 약수까지 솟아나는 강화는 실로 복된 터전이라 아니할 수 없다.

강화
보문사普門寺

보문사 뒤편 눈썹바위에 기대어 서해바다를 내려 보면 중생들을 살피시는 관음보살의 세계, 곧 소리를 귀로 듣지 않고 눈으로 보는 관음觀音의 세계가 펼쳐진다.

한국 불교의 3대 해상 관음기도처인 강화 보문사가 비록 조그만 섬에 안겨있기는 하지만 관세음보살님의 광대무변한 원력을 상징하는 '낙가산 보문사'이니 어찌 우주보다 작다고 할 수 있겠는가. 보문사 뒤편 눈썹바위에 기대어 서해바다를 내려 보면 중생들을 살피시는 관음보살의 세계, 곧 소리를 귀로 듣지 않고 눈으로 보는 관음(觀音)의 세계가 펼쳐진다.

우주 만물의 소리를 눈으로 살피며 고통스러운 생명에게는 고통을 덜어주고, 근심하는 생명에게는 근심을 덜어주는 자비로운 관음보살의 세계! 그리고 그 주관자인 눈썹바위 관음보살은 물론 석굴법당의 미륵보살까지도 중생들의 소리를 신통하게 알아듣고 소원을 들어준다는

소문이 자자하게 퍼지면서 석굴법당이 아예 '신통굴'이라는 별칭으로 더 많이 알려져 있다.

어찌 아니 그렇겠는가. 신라를 진덕여왕이 다스리던 시절에 부처님의 수제자인 빈두로존자께서 석모도에 나타나 지금의 보문사 사하촌인 민머루 마을의 어부들을 시켜 22점의 불상을 바다에서 건져 올리게 한 다음 보문사의 주불로 모시게 하였으니 그 불상이 다름 아닌 석가세존과 수제자들이다. 그리고 석모도에는 보문사의 석굴법당에 모셔진 나한님들의 자비원력을 보여주는 신통한 일화가 여러 가지 전해지고 있는데 그 가운데 하나를 소개하면 이렇다.

지금으로부터 그리 멀지 않은 어느 해 정월 초하루, 겨우내 꽁꽁 얼어붙었던 임진강과 예성강이 풀리면서 쩍쩍 갈라진 얼음덩이들이 외포리 앞바다로 흘러들었다. 그때 마침 육지로 나갔다가 명절을 맞아 귀향하는 섬사람 몇을 태운 배가 얼음덩이에 밀려 방향을 잃은 채 먼 바다로 떠밀려가 사흘 동안이나 표류하는 상황이 발생했다. 정월의 바닷바람도 매서운데 설상가상 풍랑까지 일어 배가 뒤집힐 위기에 처하자 한 사람이 이렇게 소리쳤다.

"여러분들, 우리는 이제 꼼짝없이 물귀신이 되게 생겼소. 우리의 힘으로는 살아날 방도가 없으니 영험이 높다는 보문사 나한님들께 살려달라고 빌어봅시다. 모두 보문사 쪽을 향해 합장하고 부처님을 부르세요!'

그러자 모두가 낙가산 쪽을 향해 합장하고 절을 하기 시작했다. 그렇게 한나절쯤 지났을 때 기적이 일어났다. 뱃머리에 낯선 스님이 홀연히 나타나 석장으로 얼음덩이를 밀어 내는가 싶더니 배는 순식간에 민머루 해안에 닿았던 것이다. 그때 살아난 사람들은 계를 조직하여 보문사의 크고 작은 불사를 도왔다고 한다.

민머루 해수욕장은 갯벌로 둘러싸인 강화해안에서는 보기 드문 모래밭으로, 형형색색의 바위가 늘어서서 색다른 풍경을 자아내는 데다가 물이 빠지면 광활한 갯벌이 드러나 장관을 이룬다. 드넓은 갯고랑에 빠져든 노을이 거대한 황금물고기가 되어 몸을 뒤척이는 저녁 무렵의 일몰풍경 앞에서 누구인들 일체번뇌를 잊고 삼매에 들지 않을 수 있으랴.

여기가 어디인가. 선재동자가 구도의 길에 찾아 나선 53선지식 가운데 20여 존자가 주석하고 있는 관음성지다. 보문사 석굴에 모셔진 나한상이 비록 진인(眞人)이 아닌 형상에 불과하지만 '성인은 상(像)을 세워서 그 뜻을 전한다.'고 했으니 보문사의 나한상 역시 부처님의 가르침을 전하는 메신저가 아니겠는가.

　이것을 두고 '입상진의(立像眞意)'라고 한다. 아무리 깨달음을 얻은 성인이라 할지라도 혼자의 힘으로 세상 모든 사람을 찾아다니며 그 뜻을 전할 수는 없는 노릇이다. 하여 불가에서는 석가세존을 형상화한 불상을 조성하여 부처님의 가르침을 전하는 것이고, 기독교의 십자가도 이와 다르지 않다.

　세상이치에 밝은 현자일수록 말을 아낀다. 언어라고 하는 것을 거추장스럽게 생각하기 때문이다. 스님들이 찻잔을 앞에 놓고 묵언수행을 일삼는 것도 말로 배우는 것보다는 스스로 깨달아가는 것이 배움의 효과가 크다는 것을 알고 있음이다. 말이란 본래 알아들을 귀가 있는 사람은 알아듣지만 그렇지 못한 사람에게는 아무리 친절하게 설명을 해줘도 혼란스럽기만 하다. 그래서 선지식은 제자들에게 묵언수행을 하게 했고, 말로 가르칠 때에도 상을 세워 설명함으로써 거추장스러운 말을 줄였던 것이다. 입적을 앞둔 노스님과 제자의 대화를 예로 든다면 이런 식이다.

제자: "스님, 저에게 남기실 말씀이 없으십니까?"

스승: "고향을 지나거든 차에서 내려라. 무슨 말인지 알겠느냐?"

제자: "본바탕을 잊지 말라는 말씀이군요."

스승: "고목 밑을 지날 때는 머리를 숙여 종종걸음으로 가거라."

제자: "윗사람을 공경하라는 말씀이군요."

스승: "내 혀가 있느냐?"

제자: "있습니다."

스승: "내 이빨이 있느냐?"

제자: "없습니다."

스승: "왜 그런지 알겠느냐?"

제자: "부드러운 것은 남아도 강한 것은 일찍 뽑힌다는 말씀이군요."

　스승: "이제 다 말했느니라."

　이처럼 적절한 상을 세워 설명하는 것이 장광설을 늘어놓는 것보다 전달도 빠르고 깨달음도 빠른 효력이 있다. 마침 한 스님이 찾아온 여행자에게 말차를 권하며 "이 둥근 다완(茶碗)이 우주를 상징하는 것이라면 찻잔에 떠있는 말차가루는 밤하늘에 떠있는 별들인 셈이지요. 그러니 차를 마시는 일은 우주와 소통하는 일이고 우주의 기운을 몸에 담는 일입니다."라고 깨달음을 준다. 이 또한 찻상을 놓고 우주의 섭리를 설명해 주는 입상진의였던 것이다.

서울
진관사 津寬寺

진관사는 도성과 가장 가까우면서도 나드는 길이 평탄하여 순례자의 발길이 끊이지 않는 명당에 자리하고 있다. 도량을 에워싸고 있는 송림과 맑은 계곡은 정신을 맑게 씻어주고, 백운대와 인수봉과 만경대가 이룬 삼각봉의 슬기로운 정기가 쏟아져 내리는 수도권 대표 비구니선원이다.

수도권의 대표적 비구니선원인 삼각산(三角山) 진관사(津寬寺)의 창건설을 요약하면 '신라 진덕여왕 때 원효스님이 창건하여 신혈사(神穴寺)라 했던 것을 고려 현종이 어렸을 때 자신의 목숨을 구해준 진관대사의 은혜를 갚기 위해 크게 중창하고 은인의 이름을 따 진관사로 절 이름을 바꾸었다.' 라고 전해진다. 지금은 조계종 직할사찰로 동쪽의 불암사, 남쪽의 삼막사, 북쪽의 승가사와 함께 서울근교의 4대 명찰로 꼽히고 있다. 지난 2009년 진관사 경내에서 270여 점의 문화재급 불교유물이 발굴되기도 한 유서 깊은 사찰이다.

삼각산은 북한산의 핵심을 이루고 있는 봉우리인 백운대(836m), 인수봉(810m), 만경대(787m)가 삼각을 이루고 있어서 붙여진 이름이다. 원래

는 북한산 전체가 삼각산이었다. 조선말엽을 살았던 유생들의 〈등정기
(登頂記)〉에도 모두 그렇게 지칭했다. 백운대의 정상에는 약 500㎡ 가량
의 평지가 있는데 공기가 맑던 시절에는 서해바다와 개성의 송악산까
지 환하게 조망할 수 있었다고 한다.

'삼각산 백운대에 올라 잠시 숨을 고르고 먼 곳을 바라보았다. 서남
의 큰 바다가 멀리 푸른빛으로 가지런하고, 떠있는 구름과 지는 해에
은빛세상이 아득하다. 눈을 부릅떠도 그 끝이 보이지 않는다. 알아볼
수 있는 것은 양주의 수락산과 아차산, 강 건너 관악산과 청계산, 개성
의 천마산과 송악산과 성거산 등으로 개미집처럼 차곡차곡 포개져 있
다. 양평 월계협의 물결이 터져 있는데, 놀란 산짐승의 한 무리처럼 서
쪽으로 퍼붓듯 달려가고 있다. 한강 줄기가 얼음이나 흰 비단을 깔아놓
은 듯 구불구불 도성을 에워싸고 흐른다. 먼 곳의 봉우리들과 어지럽게
놓인 섬들이 구름에 달라붙어 어른거린다. 길을 안내한 진관사 스님이
손가락으로 가리키며 저기는 무슨 산이고 여기는 무슨 내(川)라고 알려
주었지만, 나는 너무 황홀해서 그저 "그렇군! 그렇군!"만 뇌까렸을 뿐
이다. 도성의 백만 채나 되는 집들이 너무 가까워서 보이지를 않는다.
그저 발아래 밥 짓는 연기로 꾸며놓은 생생한 그림 한 폭만 보였다. 마
치 신선이 사는 진일(眞一)이나 삼청(三淸)의 세계에 온 듯 황홀하여 말
을 이을 수 없다.'

옛 삼각산의 수많은 등정기 중에 삼각산만큼이나 수려한 문장으로 칭송받는 월사(月沙) 이정구(李廷龜 1564~1635)가 느낀 감흥이다. 그는 조선 중기의 문신으로 대제학을 지내고 죽어서는 인조로부터 문충공(文忠公)이란 시호까지 받은 명현(名賢)이다.

조선시대의 삼각산에 자리했던 사찰은 권문세가나 이름난 선비들이 분주하게 드나들며 노닐던 휴식처였다. 도성 근교에서는 가장 수려한 경관을 소유한 탓도 있고, 삼각산 스님들이 백운대 등정에 나선 권문세가의 길잡이 노릇에 술 시중에 가무 시중까지 온갖 시중을 들어주었기 때문이다. 숭유억불(崇儒抑佛) 정책으로 불교를 무자비하게 탄압하던 암담한 시절을 견뎌내기 위한 고육지책으로 불제자가 유림(儒林)의 뒷바라지를 감수해야 했던 것이다.

특히 진관사는 도성과 가장 가까우면서도 나드는 길이 평탄하여 순례자의 발길이 끊이지 않는 명당이다 보니 오래 전부터 과거를 앞둔 유생들이 머물며 학문을 닦는 수련장이기도 했다. 진관사를 에워싸고 있는 송림과 맑은 계곡은 정신을 맑게 씻어주고, 백운대와 인수봉과 만경대가 이룬 삼각봉의 슬기로운 정기가 진관사로 쏟아져 내리니 이 또한 급제를 꿈꾸는 유생들에게는 더없이 상서로운 땅이다. 지금으로 말하면 고시합격자를 많이 낸 유명 고시텔로 명성이 높았던 것이다. 세종조의 문신인 박팽년, 신숙주, 하위지, 이석정 같은 이들도 진관사 고시생이었다.

베드로의 산사탐방

그 삼각산의 후신인 북한산은 조선의 도성이 된 이후부터 오늘에 이르기까지 나라의 수도를 지키는 진산으로 수많은 역사문화유적과 100여 개의 크고 작은 사찰과 암자가 산재해 있는 이 땅의 중심이요, 한국 불교의 본거지다. 그렇기에 병자호란에서 패한 뒤 청나라에 인질로 끌려가던 김상헌(金尙憲)은 '가노라 삼각산아 다시보자 한강수야 / 고국 산천을 떠나고자 하랴마는 / 시절이 하 수상하니 올동말동하여라.' 라는 고별사를 읊으며 삼각산과 한강을 조국을 대신하는 상징물로 삼았던 것이다.

그러한 관념은 지금도 변함이 없다. 이 나라 인구의 40%를 차지하는 서울 사람들이 아침저녁으로 우러르는 부모 같은 산이다. 근래에는 북한산 둘레길까지 생겨서 수도권 사람들이 심신을 단련하는 친근한 벗이 되어주고 있다. 서울 근교에 이러한 산이 솟아있다는 게 얼마나 고맙고 고마운 일인지 혜량할 수가 없는 것이다.

화성
용주사 龍珠寺

조선 왕실의 흔적이 곳곳에 남아있는 용주사는 사람을 사람답게 하는 으뜸의 근본인 '효심'의 도량이다. 젊은 나이로 비명횡사한 아버지 사도세자의 명복을 비는 정조의 효심이 도량 가득 넘치고 있다.

수원에서 남쪽으로 10리, 화산(華山)의 울창한 숲속에 숨지 않았다면 교구본사는 커녕 산사(山寺)라는 말도 어울리지 않는 평지의 사찰이다. 그런데도 조선시대 한때에는 전국 5규정소(糾正所) 중 하나로 승풍(僧風)을 규정하고 승려의 생활을 감독하였으며, 팔로도승원(八路都僧院)을 두어 전국의 사찰을 통제했으니 위세가 쩡쩡했던 사찰이다. 조선 제22대 임금인 정조가 스물여덟의 젊은 나이로 비명횡사한 아버지 사도세자의 명복을 비는 왕실 원찰로 세운 절이기 때문이다.

정조는 임금에 즉위하자마자 왕실의 원당(願堂:왕실의 기도사찰)마저 모두 없애버린 숭유억불(崇儒抑佛)의 대표적 인물이다. 유교관이 투철하여 글자 한 자를 써도 정성을 다했고, 아무리 몸이 아파도 의관을 정제하고 자세를 반듯이 하여 신하를 대했다. 그러한 정조이고 보니 '부처님 위에 군림하는 임금은 없다'는 무군지교(無君之敎)를 탐탁하게 여길 리가 없었다. 특히 왕실의 무사안녕을 빌어주는 원당을 빌미로 왕족에게 빌붙어 권세를 부리는 일부 승려들을 몹시 싫어했다.

그런 정조가 양주에 있던 사도세자의 능을 화성으로 옮기고 명복을 비는 사찰을 건립하기 위해 왕실과 관료는 물론 온 백성들에게까지 모금을 하여 용주사를 세운 것은 일대 혁명적인 사건이었다. 사도세자에 대한 사모의 정이 그만큼 컸던 것이다. 그러나 즉위하자마자 전국의 원찰을 혁파한 자신이 아버지를 위한 원찰을 세운다는 것은 누가 보아도 비웃을 일이었다. 더욱이 절을 새로 세우는 것은 국법으로 금지되어 있었다. 그리고 선대 임금이 결정한 법률은 후대에서도 따라야 하는 '조

종성헌(祖宗成憲)'의 규범상 용주사 건립은 선대가 정한 국법을 스스로 어기는 꼴이었던 것이다.

그러나 이미 장흥 보림사 보경당(寶鏡堂) 스님에게 《불설대보부모은중경(佛說大報父母恩重經)》을 듣는 순간부터 아버지를 위한 절을 세울 것을 결심했다. 그리하여 측근인 이문원(李文元)에게 원찰제도의 부활을 청하는 상소를 올리게 하고, 못이긴 척 받아들여 보경당으로 하여금 용주사 건립을 책임지게 한 것이다.

용주사의 창건역사는 사하촌인 대황리에서부터 시작된다. 정조가 몸소 예조의 신하들을 이끌고 화산지경(華山地境)을 돌며 묘 자리를 찾고 있다는 소문을 들은 보경스님이 임금의 행차를 기다린 곳이라 해서 대황리(待皇里)가 된 마을이다. 거기에서 임금의 행차를 만난 보경스님은 정조에게《부모은중경》을 설하고 능 자리까지 정해준 인연으로 창건불사의 도총섭(都摠攝)을 맡아 오늘의 용주사를 건립했다.

용주사에는 이런 연유로 왕실의 흔적이 곳곳에 남아 있고, 사찰의 범물(凡物) 가운데 진귀한 것이 많았다. 사찰의 정문인 일주문을 대신하여 홍살문이라고 하는 삼문(三門)이 서있는 것부터 다른 사찰에서는 볼 수 없는 형태다. 삼문은 궁궐이나 향교 또는 서원의 정문으로, 국왕의 칙명에 의해서나 세울 수 있는 권위를 지니고 있으며, 따라서 국왕이 행차할 때에나 가운데 문을 열고 그 외에는 항상 닫아두는 것이다. 이것만 보아도 용주사에 대한 정조의 애착이 얼마나 지극했는지를 가늠할 수 있다. 그리고《부모은중경》이라고 하는 불가의 법문이 중생들의 효심을 불러일으키는데 얼마나 크게 기여하고 있는가를 실감할 수 있는 것이다. 사람을 사람답게 하는 으뜸의 근본이 효심이고, 중생제도의 근본이 사람을 사람답게 보살피는 것임을 설파한《부모은중경》이야말로 이 땅에 서양종교가 들어오기 이전시대의 성경이었던 셈이다.

화성
신흥사 新興寺

천년을 훌쩍 넘는 고찰이 수두룩한 이땅에서 고풍스러움은 없을지언정, 신흥사는 웅장한 전각과 당우를 갖추고 도심포교와 청소년 불자 양성의 요람이 되어주고 있다.

화성의 전법도량 신흥사(新興寺)는 그리 오래된 절은 아니다. 1934에 세워졌으니 80년 남짓이다. 사람으로 치면 늙은 나이지만 천년을 훌쩍 넘는 고찰이 수두룩한 이 땅에서는 젖비린내에 불과하다. 그러나 그 기운과 명성은 천년고찰에 뒤질 바 없는 중견 사찰로 성장했다. 고풍스러움은 없을지언정 전각과 당우는 규모가 있고, 웅장한 교육관까지 갖춘 마당에는 출가자의 구도행각을 표현한 조형물이 곳곳에 늘어서 있어 마치 조각공원에 들어선 느낌이다. 특히 신흥사 교육관은 종단에서 스님들의 연수 교육장으로 사용할 만큼 큰 규모다. 스님뿐 아니라 일반인 또는 청소년을 위한 수련장까지 겸하고 있어 도심포교와 청소년불자 양성의 요람이 되어주고 있다.

베드로의 산사탐방

화성 신흥사는 서해바다가 훤히 내려 보이는 해안가 산자락에 들어 있다. 하지만 그 지역의 급격한 도시화로 인해 이제는 절 입구까지 공장건물이 들어선 도심사찰이 되어 있다. 그러나 인구 50만을 넘는 큰 도시를 사하촌으로 거느리고 있다는 것이 믿기지 않을 만큼 산사로서의 고정(孤靜)한 정서는 그대로 유지되고 있다. 불도저를 앞세운 난개발의 횡포도 법계와 속계의 구분은 어쩌지를 못하는 것이다.

설령 절 마당까지 속진(俗塵)이 들어찬다 해도 신흥사는 이미 도력(道力)이 가득 찼으니 개의할 일이 아니다. 득도기무사(得道己無事)라 하지 않던가. 도를 얻고 나면 아무것도 일삼을 것이 없고 따질 것도 없어진다는 말이다. 깨달음을 다 얻은 도승은 부처님 말씀조차 일삼지 않고 계율을 따지지도 않는다. 그래서 소란스럽기 짝이 없는 시장바닥 한 가운데에 들어섰다 해도 그저 편안하고 그윽하기만 할 뿐이다.

신흥사는 창건 당시부터 속세와 인연이 깊다. 이 땅의 절이란 절은 모두 도력 높은 고승의 연기설(緣起說)을 내세우고 있지만, 신흥사는 스님이 아닌 세속에 근본을 둔 한 처사의 원력으로 세워졌던 것이다.

'지금 신흥사가 자리한 구봉산 북쪽 아랫마을에 불심이 깊은 거사가 살고 있었다. 성은 한(韓)가요, 이름은 영석이다. 어느 날 밤 꿈에 도승이 나타나 이르기를 "이곳 당성(唐城) 안에 고려시대의 석불이 계시니 잘 모셔다 절을 일으켜라." 하고는 구름을 타고 서쪽으로 날아갔다.

꿈에서 깬 거사가 칡넝쿨이 무성한 당성을 이리저리 둘러보고 있는데 난데없는 새떼들이 길을 인도하여 따라가 보니 키가 2m 정도 되는 불상이 숲에 묻혀 있었다. 오랜 세월을 비바람에 시달렸을 것이지만 자비로운 형상이 뚜렷하게 남아있는 관세음보살님이셨다. 거사는 즉시 전답을 팔아 불사를 일으켜 지금의 신흥사를 개창하였다.'

지금 대웅전에 모셔진 주불이 그때의 관음보살이고, 옆에 있는 아미타불 역시 불도라는 섬의 폐사지에서 옮겨왔다고 한다. 신흥사의 전각은 근래에 지어진 것이지만 그 전각의 주인인 부처님들은 천 년 전부터 이 땅을 지키던 고불(古佛)인 것이다.

절이 있는 구봉산 당성은 고구려 제27대 왕인 영류왕(재위 618~642) 때 중국에서 온 학사가 이곳에 머물며 당나라의 문화를 전파했는데, 그 학사에 의해 당나라의 차가 이 땅에 전해지기 시작했다고 한다.

남양주
봉선사 奉先寺

이 땅에서 가장 크고 가장 향기롭고 가장 화려하고 울창한 정원, 국립
수목원을 품고 있는 봉선사는 세상에 뿌리내린 온갖 나무와 풀이 내뿜
는 수천가지의 색깔과 향기로 황홀한 곳이다.

지금으로부터 540여 년 전, 일단의 종자를 거느린 초로
의 한 사내가 호피를 두른 말 잔등에 올라타고 경기도 양주의 운악산
기슭을 돌아보고 있었다. 하루해가 기울도록 산기슭을 헤매던 그는 오
래 전에 기울어진 폐사지로 종자들을 모아놓고는 아래쪽의 구릉지를
손으로 가리키며 무언가 만족스럽다는 듯 고개를 크게 끄덕이는 것이
었다.

"그래, 바로 여기야. 이 정도면 짐의 할아버님께서 세우신 이 나라가
천년을 넘도록 태평성대를 이루고도 남을 명당인 게야."

다름 아닌 조선의 제7대 임금 세조였다. 권신들에 휘둘리는 왕권을
회복하고자 어린 조카를 죽이고 옥좌를 빼앗은 지 어언 13년, 어느새

파란만장한 영욕의 인생을 묻을 자리를 찾아 운악산 기슭을 헤매는 처지가 되어 있었던 것이다. 그는 조선 역대 임금 가운데 권력에 대한 욕심이 가장 많은 인물이다. 조카를 죽이고, 사육신 등 수많은 목숨을 빼앗았다. 그처럼 어렵게 얻은 권력을 자신이 죽은 후에도 세세손손 이어줄 길지에 뼈를 묻고 싶었다.

세조는 자신의 묘 자리를 스스로 찾아다녔다. 직접 확인하지 않고는 왕실의 천년대계를 안심할 수 없었기 때문이다. 그리고 반년을 넘게 소일하며 찾아 낸 자리가 지금의 국립수목원 안에 있는 광릉(光陵)인 것이다.

그로부터 몇 달 후 세조가 하세하자 그의 정비인 정희왕후는 능역 안에 봉선사(奉先寺)를 세우고 고인의 업장소멸과 극락왕생을 비는 원찰로 삼았다. 불교국가였던 고려왕실을 무너뜨리고 조선을 세운 명분으로 불교를 탄압하며 수많은 절을 훼철하는 등의 죄를 저지른 조선왕실이지만 그들 또한 이 땅의 자손인지라 핏줄에 흐르는 불심까지는 지워버릴 수가 없었다. 그렇게 하여 광릉수목원 울창한 전나무숲 속에 교종수사찰(敎宗首寺刹) 봉선사가 세워졌던 것이다.

수목원과 봉선사를 품에 안고 있는 운악산은 예로부터 이 나라 5대 명산 가운데 하나로 받들어진 격조 높은 산이다. 동으로 금강산, 서쪽으로 구월산, 남으로 지리산, 북으로 묘향산을 두고 그 중심인 국토의 한가운데에 운악산이 있다.

봉선사는 고려시대까지 운악사가 있던 자리에 다시 세워진 광릉의 원찰로, 역대 조선왕실의 지원을 받으면서 교종의 수사찰로 발전하였고, 승과고시장(僧科考試場)이 되면서 많은 스님들이 교학을 익히는 청정도량으로 법등을 환히 밝히고 있는 것이다. 그러나 그런 것은 봉선사의 자랑이 되지 못한다. 봉선사는 이 땅에서 가장 크고 가장 향기롭고 가장 화려하고 울창한 정원을 지니고 있기 때문이다.

'국립수목원'이라 이름 한 봉선사 정원에는 세상에 뿌리를 내린 나무와 풀들이 자리하고 있다. 그것들이 내뿜는 색깔이 제각각이요, 향기가 제각각이다. 사시사철 하루도 빠짐없이 수천가지의 색깔과 향기로 황홀한 곳이 봉선사이고, 이러한 대자연의 향연을 즐길 수 있다는 것이 봉선사의 자랑인 것이다.

"오색딱따구리가 진종일 목탁을 두드리고, 그 소리에 맞춰 바다를 이룬 나뭇잎들이 쫑알대며 경책을 외고 있으니 이곳 스님들께서는 염불을 하지 않아도 성불공덕을 이루겠습니다."

"낙(樂)만 즐기다가 진(眞)을 잃으면 모두가 공염불이지요."

"즐겁기는 쉬워도 참을 살기가 어렵다는 말씀이군요. 어찌하면 날마다 좋은 날을 살아갈 수 있을까요?"

"저 광대한 숲이 날마다 씨앗을 터트리듯 사람은 날마다 행복의 씨앗을 뿌려야 행복의 열매를 거둘 수 있는 것이지요. 남에게 기쁨을 주면 그것이 내 기쁨의 씨앗이고, 남에게 이익을 주면 그것이 내 이익의 씨앗이 되는 법이니까요. 그렇게 뿌린 씨앗을 거둔다고 생각해 보십시오. 날마다 좋은 날이지 않겠습니까?"

행복의 씨앗은 남을 사랑하는 일이다. 남을 사랑하는 공덕을 쌓는다면 마음이 즐거울 뿐 아니라 모든 근심까지 사라진다. 아무런 근심 없이 살아갈 수만 있다면 날마다 즐겁고 날마다 좋은 날이지 않겠는가.

여주
신륵사 神勒寺

불교와 유교의 민족적 스승인 나옹선사와 목은 이색이 18년 사이로 신륵사에 머물다 세상을 떠난 것은 우연이 아니다. 신륵사의 겸손하면서도 고고한 가풍이 그들의 영혼이 쉬기에는 합당했던 것이다.

신륵사는 경기도 여주 봉미산(鳳尾山) 기슭에서 남한강 유유한 물줄기와 마주하고 있는 명승지에 자리하고 있다. 여기에 세종대왕능이 옮겨오면서 영능(英陵)의 원찰로 조선왕실의 지원을 받는 혜택이 더해져, 숱한 전란과 숭유억불의 모진 세월을 거뜬히 살아남은 복된 사찰이다. 이러한 신륵사의 복은 가람의 겸손한 태도에서 비롯되었을 것이라는 생각이 든다. 명찰에 들었다하면 전각은 산을 덮고 탑은 하늘을 찌르기가 예사지만, 신륵사의 대소 전각들은 주변에 딱 어울리는 크기이고 탑은 산그늘에 묻힐 정도다. 하여 영능의 원찰로 정해질 때 불교를 탄압하던 유림(儒林)들이 오히려 중건에 앞장섰던 것이다.

'절을 폐하고 일으키는 것이 세상의 가르침과 관계가 없고 유자(儒者)로서 힘 쓸 바가 아니나 또한 폐하지 못하는 까닭은 그 고적이 명승지로 천명(闡明)된 때문이다. 신륵사에는 고려의 선승 나옹(懶翁)이 머물러 있다 입적한 곳이며, 강과 산에 연하여 자연경관이 빼어남으로 목은(牧隱)을 비롯한 제현(諸賢)들이 다투어 찬양하는 글을 지어 남긴 것이 있으니 늘어진 탑비(塔碑)와 함께 고풍스러움을 더한다. 여주는 산수가 맑고 그윽하며 또한 평원하고 조망이 좋아 높고 서늘함까지 절과 조화를 이루니 그 경치가 절승지경(絶勝地境)이다. 오직 이 두 가지 이유로 온 나라에서 칭송한 지가 이미 천년이 되었으니 어찌 유자라고 해서 힘쓰지 않으리오.'

유생으로 신륵사 중건불사에 참여했던 김병익(金炳翼)의 〈신륵사중수기(神勒寺重修記)〉다. 천년고찰 신륵사는 경관이 빼어나서 전국의 모든 백성들이 칭송하기를 이미 천년이 넘었고, 이색(李穡)을 비롯한 명망 높은 선비들이 글로써 찬양하기를 망설이지 않았으니 아무리 유학을 받드는 선비라 하여 절의 중건에 힘쓰지 못할 바가 아니라는 것이다.

신륵사의 창건을 전하는 뚜렷한 기록은 없다. 구전에 의하면 신라 진평왕 때 원효대사가 꿈에서 계시를 받고 절을 세웠다고 한다. 고려 말의 고승 나옹선사가 이곳에 들어 입적했다는 것은 〈고려사〉에도 기술되어 있다.

'나옹(懶翁) 혜근(慧勤 1320~1376)은 고려 공민왕 이후 보우(普遇)와 더불어 선불교를 중흥시킨 선승으로, 공민왕 20년 왕사(王師)가 되어 양주 회암사에 주석했다. 나옹이 절을 중창하고 문수회(文殊會)를 여니 중외(中外)의 사녀(士女)가 귀천 없이 포백(布帛)과 과이(果餌)를 싸가지고 와서 공양하는데, 혹 우러르지 못할까 걱정하며 절문에서 울부짖거늘 헌부(憲府)에서 관리를 보내어 부녀의 왕래를 금하고, 또한 도당(都堂)이 절문을 폐쇄해도 능히 이를 막지 못했다. 조정에서 이 소식을 듣고 두려워하여 나옹을 멀리 밀양 땅으로 추방하였는데, 가던 중에 신륵사에 이르러 입적하였다.'

　이 기록으로도 알 수 있지만 나옹선사의 법력은 신통의 경계를 뛰어넘는 것이어서 나라 안의 모든 백성이 그를 흠모하기에 이르렀다. 기운

이 쇠잔해진 고려 조정에서는 그게 두려워 죽이려고 했으나 나옹을 따르던 백성들이 민란을 일으킬 것이 분명함으로 죽이지를 못하고 도성에서 먼 변방으로 내몰았던 것이다. 나옹선사는 그처럼 우러름을 받는 위치에 올랐음에도 하루에 죽 한 사발을 넘는 법이 없었다. 대신 차를 몹시 즐겼는데 잠자리에 들 때도 머리맡에 다관(茶罐)을 갖춰놓아야 안심할 정도였다고 한다.

青山見我無語居 청산은 나를 보고 말없이 살라하고
蒼空視吾無埃生 창공은 나를 보고 티 없이 살라하네
貪慾離脫怒抛棄 탐욕도 벗어놓고 성냄도 벗어놓고
水如風居歸天命 물같이 바람같이 살다가 가라하네.

나옹선사의 '청산별곡(靑山別曲)'은 물질만능시대를 살아가는 우리들에게 큰 위안과 귀감을 주고 있기도 하지만 그가 신륵사에서 입적했다는 소문이 퍼지자 전국 각처에서 몰려든 조문인파로 드넓은 남한강변이 발 디딜 틈조차 없었다고 한다. 그로부터 18년 뒤에는 해동공자(海東孔子)로 추앙받던 목은(牧隱) 이색(李穡)이 또 신륵사에 머물다 세상을 떴다. 불교와 유교의 민족적 스승이 모두 이곳에서 생을 마친 것이 어찌 우연일 수 있겠는가. 신륵사의 겸손하면서 고고한 가풍이 그들의 영혼이 쉬기에는 합당하였던 것이다.

춘천
청평사 清平寺

남한 땅의 호수 가운데 가장 거대하다는 소양호를 앞마당에 두고, 뒤로는 산의 기묘한 미덕을 빠짐없이 갖추고 있는 오봉산 자락을 후원으로 삼고 있으니 자연이 절이 되고 절이 자연이 되는 일체감을 보여주고 있다.

心生種種生　마음이 일어나면 모든 것이 일어나고
心滅種種滅　마음이 사라지면 모든 것이 사라지네
如是俱滅己　이처럼 모든 것이 사라지고 나니
處處安樂國　곳곳이 편안한 극락터전이로구나.

거대한 소양호에 갇혀 '섬 속의 절'이 된 청평사 가는 길섶의 너럭바위에 새겨져있는 명문(銘文)이다. 어느 날 문득 깨달음을 얻어 눈이 밝아진 구도자의 오도송(悟道頌)인지, 아니면 그림 같은 경관에 이끌려온 어느 시인 묵객이 푸른 적요(寂寥)에 붓을 찍어 일필휘지한 흔적인지 알 수는 없지만, 사람을 행복하게 함에 이만한 가르침이면 충분할 것이다.

베드로의 산사탐방

재물이나 권력이란 것도 그것을 탐하는 욕심이 있는 사람에게나 보이는 것이고, 욕심이 없는 사람에게는 아무리 값진 것일지라도 티끌보다 못한 것이니 무엇을 얻기 위해 다툴 필요가 없다는 얘기다. 절을 찾아온 나그네 또한 그 글귀를 읊조리는 순간만이라도 이곳이 극락이요, 더없는 행복임을 환희할 수 있지 않겠는가.

청평사는 고려 광종 때에 선원으로 세워졌으나 얼마 지나지 않아 불타버린 것을 훗날 이자현(李資玄)이 그 자리에 정원을 꾸미고 '문수원(文殊院)'이라 했다. 구송폭포에서 오봉산 중턱에 이르는 드넓은 계곡을 몽땅 차지한 정원은 그 넓이가 사방 십리에 이르는 방대한 규모였다.

베드로의 산사탐방

이자현은 당시의 대표적 차인(茶人)이었다. 그의 행적이 담긴 〈문수원 중수비(文殊院重修碑)〉에는 고려 예종과 인종이 차를 하사했다는 내용과 함께 '배고프면 밥을 먹고 목마르면 차를 마셨다. 묘용이 종횡무진하여 그 즐거움에 걸림이 없었다(饌香飯 渴飮名茶 妙用縱橫 其樂無碍).'고 기록되어있다. 그가 신선처럼 차를 즐기던 문수원을 사람들이 '고려원(高麗園)'이라 했던 것도 당시 고려에서 가장 크고 아름답기에 붙여진 이름이라하니 가히 고려를 대표하는 정원이었던 것이다. 고려왕실의 외척으로, 명문거족의 반열에 오른 이자현이 그 좋은 벼슬을 버리고 이곳에 찾아들어 암자를 짓고 평생을 살았던 것도 청평사의 자연경관이 사람의 탐욕마저 압도할 수 있는 웅장한 매력이 있기에 가능했던 것이다. 그는 고려 예종과 인종대의 최고 실권자였던 이자겸(李資謙)과는 사촌간이다. 대를 이어가며 왕실과 혼인관계를 맺어온 공고한 외척세력으로, 마음먹기에 따라서는 이자겸처럼 권력의 핵심에 서서 세상을 호령할 수 있었다. 그러나 일체의 부귀공명을 던져버리기 위해 세상의 물욕(物慾)과 명리(名利)가 비비고 들어올 어떠한 틈도 주지 않는 청평계곡의 풍광을 택했던 것이니 탈속을 통한 그의 구도정신은 길이 추앙받아 마땅할 것이다.

　그처럼 아름다운 풍광을 고스란히 물려받은 청평사의 미려하고도 광대한 풍광이 어찌 옛날과 다르겠는가. 남한 땅의 호수 가운데 가장 거대하다는 소양호를 앞마당에 두고 뒤로는 산의 기묘한 미덕을 빠짐

베드로의 **산사탐방**

없이 갖추고 있는 오봉산 자락을 후원으로 삼고 있으니 비경 가운데 비경인 것이다. 청평사의 당우 또한 산봉우리와 일각으로 배치하여 마치 층을 이룬 또 하나의 봉우리처럼 보이게 함으로써 자연이 절이 되고 절이 자연이 되는 일체감을 보여주고 있다. 그뿐이랴. 처처에 기암이 불끈불끈 솟아있고, 그 기암을 타고 흐르는 계곡은 꿈틀거리는 곳마다 폭포가 되고 있다. 울창한 송림이 틀어쥔 숲은 활엽수에게도 많은 자리를 내주어, 가을이 되면 온통 붉게 불타는 단풍이 찾는 이들의 얼굴까지도 붉게 물들여 무엇이 자연이고 무엇이 사람인지조차 가늠하기가 어려울 정도다.

청평사 가는 길은 오래전부터 사랑에 눈을 뜬 청춘남녀들의 데이트 코스로 유명세를 타고 있는 관광명소다. 몇 해 전부터 군사작전 도로가 뚫려 자동차를 이용할 수도 있지만, 그보다는 유람선을 타고 소양호의 푸른 창파를 가르는 것이 더욱 낭만적이고 운치 있는 여행이 될 것이다.

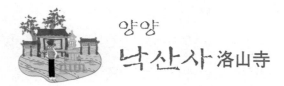

양양
낙산사 洛山寺

낙산사에서 관망하는 바다는 실로 크다. 어디서부터인지 짐작도 안 되는 심해에서 끝없이 밀려오는 파도와 그 소리는 우리가 육감으로 확인할 수 있는 유일한 일망무제의 모습으로 눈앞에 펼쳐지는 것이다.

망망한 동해의 파도소리가 쌓이고 쌓여서 이룩된 터를 얻어 절을 세웠으니 '양양 낙산사' 라고 하기보다는 '동해 낙산사' 라고 해야 마땅하다. 지금도 부처님의 은덕보다 동해의 은덕을 더 많이 입고 있지 않은가. 10여 년 전인 2005년 봄. 일대를 휩쓴 산불에 전소되는 변고를 당했을 때, 불자가 아닌 대중들까지 복원불사에 참여하여 신속하게 절을 다시 세운 것도 거기에는 동해가 있었기에 가능한 일이었다.

하기야 바다보다 영원하고 무량한 존재는 없다. 그러니 바다 또한 부처다. 낙산사에서 관망하는 바다는 실로 크다. 어디서부터인지 짐작도 안 되는 심해에서 끝없이 밀려오는 파도와 그 소리는 우리가 육감으로 확인할 수 있는 유일한 일망무제의 모습으로 눈앞에 펼쳐지는 것이다.

베드로의 산사탐방

먼 옛날의 의상스님도 그 앞에서는 꼼짝없이 법열(法悅)의 포로가 되어 무릎을 꿇고 말았다. 그리고 마침내 바다와 내가 하나가 되고, 우주와도 하나가 되는 범아일여(梵我一如)의 삼매에 빠져들었던 것이다.

일연 스님이 편찬한 〈삼국유사〉의 '낙산이대성(洛山二大聖)' 조에는 의상대사가 낙산사를 세운 내력이 자세하게 기록되어 있다.

'옛날 의상법사가 당나라에서 돌아와 관음보살의 진신이 이 해변의 굴속에 있다는 말을 들었다. 때문에 낙산(洛山)이라 했는데 서역에 보타낙가산(寶陁洛伽山)이 있기 때문이다. 이곳을 소백화(小白華)라고 하는데 이는 하얀 옷을 입은 관음보살의 진신이 머물러 있는 곳이므로 이름을 그렇게 한 것이다. 의상이 이곳에서 기도한지 칠일이 되던 날 새벽에 물 위에 깔고 앉았던 자리를 띄웠더니 용천팔부(龍天八部)의 시종들이 동굴 안으로 그를 안내해 들어갔다. 이에 공중을 향해 예불을 하였더니 수정염주 한 꾸러미를 의상에게 주었다. 의상이 받아 가지고 나오는데 동해의 용이 또 여의보주 한 알을 바치기에 함께 들고 나왔다. 또다시 칠일 동안 기도하니 관음보살의 참 모습이 나타나서 이렇게 말했다.

"네가 앉아 있는 산마루에 한 쌍의 대나무가 솟아날 것이니 그곳에 불전을 세우는 것이 좋을 것이다."

의상이 이 말을 듣고 굴에서 나오자 과연 대나무가 솟아 있었다. 그곳에 금당을 짓고 불상을 만들어 봉안했는데 그 불상의 자비로운 모습

이 마치 하늘에서 내려온 천사 같았다. 그 자리에 있던 대나무는 사라졌기에 비로소 이곳이 관음보살의 진신이 사는 곳임을 알았다. 이에 절이름을 낙산사(洛山寺)라 하고 의상은 자기가 받은 구슬 두 개를 성전에 봉안하고 떠났다.

그 뒤 원효대사가 이 이야기를 듣고 와서 관음보살을 친견하게 해달라고 빌었다. 남쪽 교외에 이르자 논 가운데서 흰 옷을 입은 여인이 벼를 베고 있었다. 원효가 희롱삼아 그 벼를 달라고 하니 여인은 흉년이 들어서 주지 못하겠다고 대답했다. 또 가다가 다리 밑에 이르자 한 여인이 월경한 생리대를 빨고 있었다. 원효가 물 좀 달라고 하자 여인은 그 더러운 물을 떠서 원효에게 주었다. 원효는 물을 엎질러 버리고 냇물을 떠서 마셨다. 이때 들 가운데 소나무 위에

한 마리 파랑새가 원효를 불러 이렇게 말했다.

"불덕이 높은 스님은 그만 하십시오."

그러고는 사라져 보이지 않았고,

소나무 밑에 신발 한 짝이 벗겨져 있었다. 원효가 절에 도착해 보니

관음보살상 좌대 밑에 신발 한 짝이 있는데, 소나무 아래에서 보았던 것과 같은 짝이었으므로 아까 만났던 여인이 관음보살의 진신임을 깨달았다. 때문에 당시 사람들은 그 소나무를 관음송(觀音松)이라 했다. 또 원효가 관음보살의 진신이 머물고 있는 굴속으로 들어가려 했으나 풍랑이 크게 일어 들어가지 못하고 떠나갔다.'

낙산사는 이처럼 신라불교의 교두(敎頭)인 의상과 원효, 두 성사(聖師)의 행적을 남김으로써 그들이 살았던 일체무애의 세계를 상상할 수 있는 단서를 제공하고 있다. 재미있는 것은 당시의 서라벌 백성은 물론 왕실에서 마저 존경을 받았으며, 천년을 훌쩍 넘는 오늘에 이르도록 구도의 등신불(等身佛)로 받들어지는 원효스님이 동해 낙산사에서는 일생일대의 푸대접을 받았다는 것이다. 그것을 비웃거나 허망해할 필요는 없다. 우리는 그 이야기를 통해서 길가에 버려진 지푸라기에게도 생명의 존엄이 있으며, 그 존엄성을 존중하는 것이 곧 부처라는 사실을 일깨워주고 있기 때문이다.

그러함으로 동해 낙산사는 홀로 가는 길이 아니다. 일생을 같이할 반려자가 있거든 그와 함께 가야 한다. 사랑하는 아들딸이 있거든 그들의 손을 이끌고 가야 한다. 가서 낙산사가 전해주는 의상과 원효의 무상무애의 설법을 함께 들어야 한다. 그것처럼 삶을 여유롭게 해주고 행복하게 해주는 지혜가 없기 때문이다.

영월
법흥사 法興寺

이중환의 〈택리지擇里志〉에 등장하는 주천계곡은 사자산문의 본산이며 석가여래의 진신사리가 봉안된 적멸보궁 법흥사法興寺 가는 길이다. 주천에서 법흥사까지의 계곡에는 태고를 흘러내린 물결에 씻기고 다듬어져 더이상은 아름다워질 수조차 없는 수석들이 은하처럼 깔려있다.

'치악산 동쪽에 있는 사자산(獅子山)은 수석이 삼십 리에 뻗쳐있으며 주천강의 근원 또한 이곳이다. 남쪽에 있는 도화동과 무릉동 두 계곡의 경치도 아주 훌륭하다. 무릇 사람들이 이곳을 복된 터전이라 부르는데 참으로 세속을 피해 살만한 곳이다.'

이중환의 〈택리지(擇里志)〉에 등장하는 주천계곡은 사자산문(獅子山門)의 본산이며 석가여래의 진신사리가 봉안된 적멸보궁 법흥사(法興寺) 가는 길이다. 한국의 무릉도원으로 알려진 주천(酒泉)은 무릉, 도화 두 계곡에서 흘러내린 옥수가 강줄기를 이루는 곳에 술이 솟아나는 돌구유가 있었다하여 붙여진 이름이다.

베드로의 산사탐방

그 강둑에 요선정(邀僊亭)이라는 아담한 정자가 있다. 그 기둥에 기대어 강바닥을 내려 보면 흐르는 강물이 천년을 갈고 닦아 만들어 놓은 거대한 공예품이 삼십 리에 걸쳐 깔려있다. 그리고 그 암반과 한 몸으로 붙어있는 암벽이 강기슭을 병풍처럼 두르고 있는 장중함은 주유풍월(周遊風月)의 멋진 추억으로 간직될 것이다.

경관이 빼어나서일까. 요선정에는 세 명의 임금이 내린 어제(御製) 편액이 걸려있다. 조선의 숙종(肅宗), 영조(英祖), 정조(正祖)가 손수 짓고 쓴 '주천강 예찬문'을 양각해 놓은 것이다. 대체 어느 계곡 어느 정자에 세 분 임금의 찬양시가 나란히 걸렸더란 말인가. 그 가운데 제일 늦게 쓰여진 정조의 글을 소개하면 다음과 같다.

'삼가 주천현루(酒泉縣樓)에 숙종대왕께서 친히 쓰신 시와 영조대왕의 짧은 서문을 나란히 모셨다. 옛날의 주천은 현(縣)이었는데 지금은 원주에 속해있다. 청허(淸虛)와 빙허(憑虛)의 두 누각이 있는 경치 좋은 곳으로, 심정보가 목사로 있던 고을이다. 숙종대왕께서 이 고장을 사랑하여 지으신 시가 화재를 만나 무인년(1758)에 목사가 중건하였음을 들으신 뒤 원문을 손수 쓰시고 서문을 짧게 지으시어 가까운 신하에게 명하여 편액을 걸게 하니, 하나의 누각이 이루어짐과 훼손됨이 가볍고 무거울 것이 없도다. 선왕의 글과 글씨가 앞뒤로 황홀하여 불결하지 않으니 이 누각은 이로 하여 빛나고 이 고을의 산천 또한 누각으로 말미암

아 귀중함을 더할 것이다. 누각을 계속해서 수리하여 보전하는데 힘쓸 것을 알거니와 삼가 시운(詩韻)을 서술하여 그 느낌을 곁에 걸게 하노라.'

세 분의 임금께서 한 결 같이 칭송한대로 주천에서 법흥사까지의 계곡에는 태고를 흘러내린 물결에 씻기고 다듬어져 더 이상은 아름다워질 수조차 없는 수석들이 은하처럼 깔려있다. 또한 계곡이 깊고 맑아 세속의 냄새는 감히 범접이 두려운 사자산 기슭에는 산삼이 많고, 꿀이 많고, 옻나무가 많고, 식량이 떨어지면 밥 대신 먹는 점토가 많아 사재산(四財山)이라고도 하니 복지(福地) 중의 복지가 틀림없다.

요선정과 이웃한 법흥사는 신라의 자장율사가 당나라 청량산에서 문수

보살을 친견하고 석가여래의 진신사리와 가사를 얻어와 오대산 상원사, 태백산 정암사, 영축산 통도사, 설악산 봉정암을 거쳐 마지막으로 이곳 사자산에 들어와 절을 세우고 나머지 사리를 봉안했다 한다.

법흥사에는 보물 제612호로 지정된 징효대사탑비(澄曉大師塔碑)와 부도가 있으며, 종이가 없던 시절 영라수(靈羅樹)의 넓직한 이파리에 경전을 써넣은 패엽경(貝葉經)을 간직하고 있다. 이것은 인도에서 건너온 것

이다. 적멸보궁 뒤편에는 자장율사가 사리를 봉안하고 수도한 곳이라 전해지는 토굴이 있다. 낮은 언덕의 원만한 경사를 이용하여 굴을 파고 돌을 쌓아 흙으로 덮는 방법을 취한 것으로 희귀하고 재미있는 유적이다.

평창
월정사 月精寺 · 상원사 上院寺

사람에게 인심이란 것이 있듯 물에는 수심水心이 있고, 산에는 산심山心이 있다. 오대산은 골이 깊고 험준하다. 하지만 한없이 관대하고 인자한 산이다. 그래서 그런지 달빛이 유난히 밝다.

오대산(五臺山)에는 절도 없고 스님이 없어도 그 자체가 불교성지일 만큼 곳곳에 지극한 불심이 깃들어 있는 땅이다. 고려의 최고 학승으로 〈삼국유사〉를 저술한 일연(一然)스님도 '나라의 신령한 산중에서 불법이 가장 번창할 곳은 오대산'이라고 예언한 바 있다. 그것은 신라왕조의 골품(骨品) 출신인 자장율사(慈裝律師)가 일체의 영화를 버리고 출가하면서부터 시작된다. 신실한 출가인이 되고자 당나라에 유학할 때 상으로 받은 부처님의 정골(頂骨)을 안고 귀국한 자장율사는 그 사리를 중대(中臺) 적멸보궁(寂滅寶宮)에 봉안했다. 그리고 그곳을 중심으로 동대 · 서대 · 남대 · 북대에 오류성중(五類聖衆)이 상주한다는 지극한 믿음으로 열심히 기도하면서 비바람을 피하기 위해 지은 갈대

집이 오늘의 월정사(月精寺)라는 대가람이 된 것이다.

오대산의 다섯 대에는 각각 암자를 하나씩 품고 있다. 중대의 사자암(獅子庵), 동대의 관음암(觀音庵), 서대의 염불암(念佛庵), 남대의 지장암(地藏庵), 북대의 미륵암(彌勒庵)이다. 그 다섯 봉우리가 제각기 한 송이의 연꽃 같아서 오대산은 거대한 연화세계(蓮花世界)로 우러름을 받고 있다.

자장율사가 모셔온 석가여래의 정골사리는 오대산 적멸보궁을 비롯하여 영축산 통도사, 태백산 정암사, 사자산 법흥사, 설악산 봉정암의 적멸보궁에 나누어 봉안되어 있다. 이를 5대(五大) 적멸보궁이라 하는데 그곳에는 불상이 없다. 석가여래의 진신사리를 모셨기에 굳이 불상을 둘 필요가 없는 것이다.

월정사와 상원사 중간쯤에 조선왕실의 사고(史庫)가 있었다. 그곳에는 〈조선왕조실록〉이 보관되어 있었는데 일제강점기 때 일본으로 반출되어 동경대학에서 보관하고 있다가 관동대지진 때 거의 불에 타 사라지고 말았다. 참으로 안타까운 일이다.

사람에게 인심이란 것이 있듯 물에는 수심(水心)이 있고 산에는 산심(山心)이 있다. 오대산은 골이 깊고 험준하다. 하지만 한없이 관대하고 인자한 산이다. 그래서 그런지 달빛이 유난히 밝다. 월정사란 이름도 달이 밝다는 뜻이다. 그러나 사람의 탐욕은 그러한 것도 가리지 못한다. 하여 한국전쟁 때의 월정사는 참혹할 정도의 큰 상처를 입었다.

국보급 전각과 당우는 모두 불에 타고, 천하의 보물이던 신라 동종마저 녹아버려 영원히 우리 곁을 떠나고 말았다. 돌로 다듬은 것들만 간신히 화를 피했는데 팔각구층석탑(국보 제48호)과 석조보살좌상(보물 제139호)도 그때 살아남았다.

월정사는 1천 5백년 가까이 되는 오랜 세월동안 여러 번의 참화를 겪었다. 하지만 불타고 쓰러질 때마다 다시 일어서고 일어서기를 거듭하면서 민족 성지를 지키는 불멸의 관문으로 그 자리에 우뚝 서있는 것이다.

월정사에서 상원사까지 20리가 넘는 길은 세속의 먼지 한 톨 날아들 수 없을 만큼 우람한 전나무가 하늘을 빼곡하게 가리고 있는 천년 숲길이다. 설령 불어가는 바람에 흙먼지가 인다 해도 여기에서는 그마저 청정한 고요 속의 아름다움이 되고 만다. 그 상원사 숲길을 따라 흘러내리는 계곡은 등창이 곪아터져 악취가 진동하는 세조(世祖)의 병을 씻은 듯 낫게 해준 영험한 약천(藥川)이다. 상원사 주차장에서 일주문으로 들어서는 비탈에 오뚝하게 서 있는 비석이 있다. 그것이 바로 세조가 계곡물에 뛰어들 때 벗어놓은 의관을 걸어놓았던 '관대(冠帶)걸이' 인 것이다.

그 알싸한 물 냄새를 따라올라 상원사 마당에 들어서면 오대산의 여러 능선들이 한눈에 들어온다. 볼수록 웅장하고 신령스럽다. 그기에

오대산은 신라 신문왕의 두 아들인 보천태자와 효명태자가 입산수도
하기 시작하면서 고려를 거쳐 조선에 이르기까지 나라에 어려움이 있
을 때마다 부처님의 가피를 구하는 왕실 기도처가 되었던 것이다.

  상원사는 왕실에서 하사한 귀한 보물을 여러 점이나 보유하고 있다.
국보 제36호인 상원사 동종도 신라왕실에서 기증한 것이다. 황룡사 동
종보다 29년이나 앞서고, 에밀레종으로 알려진 성덕대왕신종보다 45
년이나 앞서니 이 땅에서 만들어진 종 가운데 가장 오래된 것이다. 이
제는 너무 늙어 삼천사백 근의 육중한 덩치를 청량선원 앞에 따로 지어
진 종각에 들어앉아 편히 쉬고 있는 중이다.

'어느 해 겨울, 눈이 강산처럼 쌓인 하룻밤을 상원사에서 지낸 일이 있었다. 새소리 물소리도 그치고 바람도 일지 않는 한밤 내내 산소리도 바람소리도 아닌 고요의 소리에 귓전을 씻으며 새벽 종소리를 기다렸다. 웅장한 소리 같으면서도 맑고 고운 첫 울림이 오대산 깊은 골짜기와 숲속의 적막을 깨트리자 길고 긴 여운이 뒤를 이었다. 어찌 들으면 슬픈 것 같기도 하고 또 어찌 들으면 간절한 마음 같기도 한 고운 소리였다. 이렇게 청정한 종소리를 아침저녁으로 들으면서 이 절의 스님들은 선(禪)의 아름다움과 즐거움을 가다듬고 또 어지러워지는 마음을 씻어내는지도 모른다.'

민속미술학자 최순우(崔淳雨)가 남긴 글이다. 그는 오래 전 국립중앙박물관장의 자격으로 상원사에서 하룻밤을 묵어간 일이 있다. 그때 주지스님의 특별한 배려로 천 년 전 신라의 종소리를 들어볼 수 있는 행운을 누렸던 것이다.

이처럼 아름다운 천년의 소리를 비롯하여 상원사의 보물들이 지금까지 남을 수 있었던 것은 순전히 한암(漢岩)대종사의 은혜다. 한국전쟁 당시 패주하여 달아나던 북한군 일부가 산속에 숨어들어 절집을 은신처 삼아 인근 마을을 약탈하는 일이 많았다. 정부에서는 그 패잔병들을 소탕하기 위해 모든 산사를 불태우라는 명령을 내렸던 것이다. 상원사도 예외는 아니었다. 소각명령을 받은 군인들이 불을 지르려 할 때 조실로 주석하고 있던 한암스님이 혼자 법당에 남아 "절을 태우려거든 나도 태우시오. 중이 되어가지고 부처님도 지켜드리지 못하게 되었으니 절과 함께 불에 타서 소신공양(燒身供養)이라도 올리는 것이 마땅할 것이오. 그러니 군인 양반들은 조금도 개의치 말고 내 몸부터 태우시오." 하며 꼼짝 않고 앉아있었던 것이다.

이에 감동한 인솔 장교는 법당의 문짝만 떼어서 불태우는 시늉만 하고 돌아갔기에 오늘의 상원사가 보전될 수 있었다. 그 일이 있고 얼마 되지 않는 1951년 어느 날 아침, 보리죽 한 사발과 차 한 잔을 얻어 마신 한암 스님은 수좌에게 "오늘이 보름달이 뜨는 열나흘이지? 달이 밝으면 떠나기가 부끄럽겠구나."라고 말 한 뒤 법상에 기대앉은 채 좌탈입망(座脫立亡)에 들었으니 세수 76세였다.

스님은 장장 27년 동안이나 단 한 번도 절문 밖을 나온 일이 없을 만큼 수행이 엄격하여 살아있는 부처로 추앙받던 참 불자였다. 그러나 입적을 앞에 두고 그 처절한 구도행각으로도 깨달음이 부족하다 여겨 마지막 가는 길을 비춰주는 달빛에게조차 부끄러움을 표했던 것이다.

부처法가 머무는住 절이니 불가佛家 중의 으뜸이다. 일주문에 내걸린 편액에도 '호서제일가람湖西第一伽藍 속리산 대법주사俗離山大法住寺'라 했다. 그러니 벼슬이 정이품正二品이나 되는 당상관 소나무가 문지기를 자청하고 있는 것도 참으로 마땅하다.

법주사! 이름부터 창연하다. 부처(法)가 머무는(住) 절이니 불가(佛家) 중의 으뜸이다. 일주문에 내걸린 편액에도 '호서제일가람(湖西第一伽藍) 속리산 대법주사(俗離山大法住寺)'라 했다. 병화로 초토되기 전에는 60여 채나 되는 당우와 전각이 하늘을 가렸고, 무려 70여 개나 되는 부속암사(附屬庵寺)를 거느렸던 대찰 중의 대찰이었다. 그러니 벼슬이 정이품(正二品)이나 되는 당상관 소나무가 문지기를 자청하고 있는 것도 참으로 마땅하다.

전해지는 말은 조선 세조가 연을 타고 이곳을 지날 때 행차에 방해가 될 것을 염려하여 늘어져 있던 가지를 저절로 치켜 올렸기에 임금이 가상히 여겨 정이품의 벼슬을 내렸다는 것이다. 그러나 이런 이야기는 너무 속되다. 세조가 누구인가. 어린 조카를 죽이고 보위를 빼앗은 인물이다. 그 계유정난(癸酉靖難) 때 세조를 도와 공을 세운 소위 정난공신들이 득세를 했고, 안하무인이 된 그들의 탐욕과 횡포는 세조의 골칫거리가 되어 있었다.

세조는 그들의 방자함을 제압할 궁리를 하던 중 법주사에 불공을 드리러 가다가 풍채 좋은 연송 한그루를 발견하고는 장난스럽게도 그 나무에게 정이품 벼슬을 내린 것이다. 그 정도의 품계라면 임금과 숨소리도 나눌 만큼 가까운 측근에게나 주어지는 벼슬로, 정난공신들이 싹쓸이를 하고 있었다. 세조의 장난기는 바로 그 측근들의 각성을 촉구하는 경고장이었던 셈이다.

"일개 수목에 불과하지만 청아한 풍모가 도덕군자를 닮았도다. 정이품의 당상관 첩지를 내려 조정 대신들의 본보기로 삼을 것이니, 그대들 또한 저 소나무와 같이 몸과 마음을 바르게 하여야 할 것이다. 알겠느냐?"

세조는 이처럼 세상에 유례가 없는 수림봉작(樹林封爵)이라는 행위를 통해 권문세도의 방자함을 꾸짖고 싶었던 것이리라.

법주사는 마당에 들어서는 첫발부터 범상치 않은 우람함으로 나그네의 들뜬 마음을 제압해 버리고 만다. 그러한 호서대찰을 품에 두고 있는 속리산 또한 팔봉(八峯), 팔대(八臺), 팔문(八門)을 자랑하는 참으로 웅대하고 아름다운 산이다. 팔봉이란 천황봉, 비로봉, 문수봉, 길상봉, 관음봉, 보현봉, 수정봉, 묘봉 이렇게 여덟 개의 기묘하게 우뚝한 산봉우리를 일컫는다. 또한 유명한 문장대를 비롯하여 청법대, 학소대, 경업대, 봉황대, 산호대, 신선대, 배석대 등 여덟 개의 웅장한 바위가 하늘을 받들고 있다. 더불어 금강석문, 비로석문, 내석문, 외석문, 상고석

문, 상고외석문, 상환석문, 추래석문 등 여덟 개의 웅장한 암벽이 마치 산문처럼 버티고 있어 속리산의 신령성을 더해주고 있다.

이처럼 각각 여덟 개씩의 봉우리와 바위와 석문은 출가자가 지향하는 팔정도(八正道)를 나타내는 것이다. 팔정도란 고통과 번민의 근본이 되는 탐(貪)·진(瞋)·치(痴)를 내려놓고 해탈에 드는 여덟 가지 덕목이

다. 어떠한 편견도 갖지 않고 사물을 바르게 보는 정견(正見), 올바로 생각하고 판단하는 정사(正思), 바르게 행동하는 정업(正業), 바르게 목숨을 유지하는 정명(正命), 바르고 부지런히 수행하는 정정진(正精進), 깨끗하고 바른 마음을 유지하는 정념(正念), 자세를 안정되고 바르게 하는 정정(正定)이 그것이다.

바르게 살아야 하는 것은 수도승만의 과제가 아니다. 사람이라면 누구나 팔정도의 도리를 다해야 하는 것이다. 그러나 그것을 지켜 살기란 꾸준한 자기성찰이 아니고는 불가능한 규범이다. 그래서 사람들은 도(道)를 칭송하면서도 그와는 거리가 먼 모습들을 보여주는 것일 게다.

道不遠人人遠道
도는 사람을 멀리하지 않는데 사람은 도를 멀리하고,
山非離俗俗離山
산은 속세를 떠나지 않았는데 사람은 산을 떠나는구나.

진리는 사람을 멀리하지 않는데 사람이 그 진리를 멀리하며, 산은 사람과 떨어져있지 않은데 사람이 산과 떨어져 살고 있다는 것을 고운 최치원 같은 석학에게도 깨우쳐 줄만큼 속리산은 깨달음의 성지인 것이다.

진천
보탑사 寶塔寺

아미타불이 살고 있다는 그 연화세계. 일체의 피로움도 걱정도 없는, 슬픔도 외로움도 구속도 없는, 오직 지극한 안락과 자유만을 누릴 수 있는 연화세계. 인간이 살고 있는 사바세계에서 10만 억 불토佛土를 지난 곳에 있다는 그 연화세계가 중앙 내륙지방인 충북 진천 땅 보련산 중심에 우뚝 솟아있다.

연화세계(蓮花世界)다. 아미타불이 살고 있다는 그 연화세계다. 일체의 괴로움도 걱정도 없는, 슬픔도 외로움도 구속도 없는, 오직 지극한 안락과 자유만을 누릴 수 있는 연화세계다. 인간이 살고 있는 사바세계에서 10만 억 불토(佛土)를 지난 곳에 있다는 그 연화세계가 중앙 내륙지방인 충북 진천 땅 보련산 중심에 우뚝 솟아있는 것이다.

도덕봉, 약수봉, 옥녀봉 등 아홉 개의 봉우리가 동그랗게 감싸고 있는 모습이 마치 활짝 핀 연꽃 같기에 보련산(寶蓮山)이다. 그 산맥이 만들어 놓은 분지 중앙에 우뚝 솟은 3층 보탑(寶塔)이 있다. 속리산 법주사의 팔상전과 같다. 법주사 팔상전은 팔정도를 뜻하는 것이고, 이곳 3층

보탑은 연화삼품(蓮花三品)을 뜻한다. 1층은 하품 연화세계, 2층은 중품 연화세계, 3층은 상품 연화세계를 상징한다 하여 연꽃의 꽃술에 해당하는 명당을 골라 목탑을 세우고 보탑사라 했으리라.

보탑사가 있는 연곡(蓮谷)마을은 이미 삼한시대에 신라의 영웅 김유신(金庾信)을 낳아 기른 인걸지령(人傑地靈)의 복된 터전이다. 김유신의 생가 터가 여기에 있다. 천세를 지나도록 그 명성은 오히려 빛나는 것이니 이러한 인걸을 낳은 땅이라면 여간 상서로운 지기(地氣)가 아니다. 그래서 거기에는 오래된 절터가 있었던 것이고, 세 명의 비구니가 일심원력으로 그 절터를 다시 다져 오늘의 보탑사를 장엄한 것이 1996년의 일이다.

비록 보탑사의 역사는 일천하다 할지라도 그 터는 이미 천 년 전부터 부처님을 모셨던 정토다. 어찌 가벼이 볼 수 있겠는가. 누가 언제 세워놓은 것인지도 모를 백비(白碑) 하나가 그 자리를 지키고 있었다는 것도 예사로운 일이 아니다. 보탑사 마당 한쪽에는 구갑문(龜甲紋)이 정교하게 조각된 귀부(龜趺)와 이수(螭首)까지 갖추고 있으나 정작 비신(碑身)에는 한 글자도 새겨 넣지 않은 비석이 아주 옛날부터 서있었다고 한다.

이처럼 맹한 비석은 나라 전체에 세 개뿐이어서 보물 제404호로 지정되어 있다. 그러나 그것이 희소성 때문에 보물이 된 것은 아니다. 누군가가 정성껏 빗돌을 다듬었으되 막상 이름과 치적을 새겨 넣으려니

자기를 뽐내려는 오만 같아서 글자 하나 새기지 못한 겸손과 순결을 찬양하여 귀한 대접을 받는 것이다. 하여 사람들은 누구의 비석인가를 몹시 궁금해 하는 것이지만 그 누군가는 그 자리가 연화세계가 들어설 신성한 땅임을 미리 알고 빗돌을 세워두었던 것이 아니겠는가.

그러하기에 노학자 이은상(李殷相)은 또 그것이 고마워서 다음과 같은 찬문을 지어 바쳤으니 이러하다.

보탑에서 내려다 본 보련산
깊은 산골에 벙어리 성자 있어
흔들어 물어도 아무런 대답이 없네
영원한 침묵의 설법을 가슴으로 듣고 가오.

비구니사찰 순례는 대체로 꽃이 만개하는 5~6월이 제격이다. 출가는 하였지만 본성인 여심(女心)만은 어쩔 수 없기에 화사한 분위기를 좋아하기 마련이다. 그래서 어딜 가나 천상화원을 꾸려놓는 것이 비구니 도량이다.

보탑사라고 예외는 아니다. 꽃피는 계절이 되면 경내는 온통 향과 색의 향연으로 떠들썩해지고 만다. 너른 경내의 한쪽 마당은 금낭화에 매발톱이 차지하고 있고, 또 한쪽은 앵초나 영산홍이 뒤엉켜있다. 천상초가 꽃대를 밀어 올리는가 하면 물양귀비의 애처롭도록 화사한 꽃잎이

징징거리는 콧소리로 스쳐가는 바람을 유혹하고 있다.

어지간한 안목으로는 무슨 꽃인지를 알 수 없어 무작정 '이름 모를 꽃'이라고 밖에 할 수없는 온갖 취향취색(醉香醉色)의 야생화가 너른 경내를 완전히 장악하고 있는 것이다. 그 또한 보탑사의 고고한 법성(法性)을 나타내는 향기이고 색깔이지 않겠는가.

공주·
갑사 甲寺

수정봉의 매혹적인 자태를 감상하며 그 유명한 갑사의 '5리 숲길'을 걸어들면 하얗게 쏟아지는 용문폭포가 세속의 때를 말끔하게 씻어준다. 가벼워진 발길로 천진보탑을 돌아 군자대를 거쳐 구곡계곡에 이르면 그곳이 바로 선경仙境에 드는 길목이다.

계룡산(鷄龍山)은 삼한을 통일한 신라가 천지신령의 도움으로 위업을 이루었으니, 동서남북과 중앙에 하나씩의 신령한 산을 골라 제를 받듦으로써 국태민안을 빌었던 5악(五岳) 가운데 핵심인 중악(中岳)으로 우러름을 받았다. 고려시대에는 남쪽의 지리산을 하악(下岳), 북쪽의 묘향산을 상악(上岳), 그 중심의 계룡산은 중악(中岳)이라 해서 고려삼악(高麗三岳)의 하나였던 명산이다.

한때는 신통력을 가진 도인이 나타나서 계룡산을 도읍으로 나라를 세우고, 도탄에 빠진 백성들을 구제한다는 〈정감록(鄭鑑錄)〉의 본산으로 원성을 사기도 했었다. 그 허망한 이야기를 밑천삼아 온갖 잡귀신을 들고 와서 헐벗고 굶주린 백성들을 혹세무민하던 사교(邪敎)의 집단촌

이었던 것이다.

조선을 세운 이성계 역시 이곳을 새 도읍지로 삼기 위해 터를 닦고 대궐의 주춧돌까지 놓았었다. 그도 〈정감록〉의 예언을 믿고 있었기 때문이다. 그러나 어느 날 산신령이 나타나서 "이곳은 신성한 땅이니 흙 한줌 돌 하나 건들지 말고 당장 떠나라."고 호통을 치므로 신발에 달라붙어있던 흙까지 탈탈 털어놓고 꽁무니를 빼고 말았던 것이다.

인도를 통일한 아쇼카왕이 입적한지 400년이 되는 해에 부처의 사리를 보내 이곳 석벽에 봉안토록 한 것도 계룡산의 서늘한 정기가 인도에 까지 미쳤던 것이다. 그 사리를 묻은 석벽이 지금의 절 뒤쪽 봉우리에 자연석으로 서있는 천진보탑(天眞寶塔)이다. 그 뒤 고구려 아도화상(阿道和尙)이 신라에 불교를 전하고 고구려로 돌아가는 길에 이곳을 지나다가 상서로운 서기를 하늘까지 뿜어 올리고 있는 천진보탑을 발견하고는 넙죽 엎드려 예배한 뒤 절을 세우고 이름을 갑사(甲寺)라 했다고 한다. 삼한에서 첫째가는 으뜸 사찰이라는 뜻이다. 이때가 백제 구이신 왕 원년으로 서기 420년이었다. 그러다가 백제가 망한 뒤 갑사 역시 신라에 귀속되어 혜명(慧命), 의상(義湘), 무염(無染) 등 신라의 고승들에 의해 신라불교인 화엄(華嚴)도량으로 법통을 이어가게 되었다.

그처럼 신령스러운 땅의 주인인 갑사는 호서지역뿐 아니라 나라에서도 이름 높은 명찰이었다는 것을 산문을 지키는 우람한 철당간지주(鐵幢竿支柱)가 증명한다. 쇠가 귀하던 옛날에는 나라에서 인정하는 몇 몇 으뜸사찰에나 쇳물을 부어 만든 철당간을 세울 수 있었다. 나머지는 나무를 잘라 세운 목당간이 전부였다. 갑사의 위상이 그처럼 높았기에 억불의 악업을 일삼던 조선왕실의 지원을 받아 석가여래의 일대기를 적은 〈월인석보(月印釋譜)〉를 판각하여 위대한 문화유산으로 남겨놓게 된 것이다.

자연경관 또한 빼어나다. 수정봉의 매혹적인 자태를 감상하며 그 유명한 갑사의 '5리 숲길'을 걸어들면 하얗게 쏟아지는 용문폭포가 세속의 때를 말끔하게 씻어준다. 그 가벼워진 발길로 천진보탑을 돌아 군자대를 거쳐 구곡계곡에 이르면 그곳이 바로 선경(仙境)에 드는 길목이다. 때가 가을이라면 금상첨화다. '춘마곡 추갑사'라는 말처럼 봄철에는 마곡사의 철쭉이 눈부시고, 가을에는 갑사의 단풍이 참으로 환상적이다. 계룡산 단풍은 내장산에 뒤지지 않는 영롱한 선홍빛을 자랑하고, 겨울에는 울창한 숲을 뒤덮은 눈꽃이 예쁘기로 소문나있다. 눈꽃이 아니라 열꽃이란다.

계룡산은 한 겨울에도 지열이 솟아오르는 뜨거운 땅이다. 그 지열에 의해 솟아오른 수증기가 나뭇가지에 서려 얼어붙은 결정체라서 열꽃이라고 한다. 그처럼 뜨거운 기운을 지닌 계룡산이기에 땅 속을 흐르는 물까지도 펄펄 끓여 중생들의 겨울을 보살펴 주는 것이다. 이곳에 유성온천이나 계룡온천이 들어와 땅 속에 쇠파이프를 때려 박고 온천수를

끌어올리기 전에는 일대의 계곡은 엄동설한에도 온천수가 흘러서 골짝마다 뿌연 안개에 뒤덮였다고 한다. 부스럼 같은 피부병에 효과가 있어 계룡산의 산짐승 날짐승도 상처를 입으면 계곡을 찾아들어 몸을 담그고 들어앉아 상처를 치유했다는 것이다.

이를 두고 사람들은 석가여래의 사리를 모시고 있는 산이기에 중생 제도라는 불법의 자비를 베푸는 것이라 여겨 날마다 계룡산을 우러러 두 손을 모으니, 착한 산그늘에 들면 사람의 마음도 착해지기 마련인 모양이다.

공주

마곡사 麻谷寺

'봄에는 마곡사, 가을에는 갑사春麻谷秋甲寺'

마곡사가 기대고 있는 태화산泰華山 철쭉 군락지는 봄이 무르익을 무렵이면 산이 지니고 있는 모든 만상萬象이 온통 진홍의 철쭉으로 뒤덮이고 만다. 그 장엄한 태화춘색泰華春色에 압도당한 호서湖西사람들은 계룡산 꼭대기에 아지랑이가 떴다하면 마곡사 골짝으로 달려가는 버릇이 있다.

산사를 순례함에 계절을 따지는 건 무의미하다. '사연동화(寺然同化)'라는 말처럼 이 나라의 산사는 그 자체가 자연이다. 봄이 되면 절도 봄으로 변하고, 가을이 오면 절도 가을이 되어서 자연의 변화에 조금도 어긋나지 않는다. 그럼에도 '봄에는 마곡사, 가을에는 갑사(春麻谷秋甲寺)'라는 관념을 오래도록 놓지 못하는 까닭은 무엇일까. 마곡사가 기대고 있는 태화산(泰華山)은 철쭉 군락지다. 봄이 무르익을 무렵이면 산이 지니고 있는 모든 만상(萬象)은 온통 진홍의 철쭉으로 뒤덮이고 만다. 그 장엄한 태화춘색(泰華春色)에 압도당한 호서(湖西)사람들은 봄이 오기를 기다렸다가 건넛마을 계룡산 꼭대기에 아지랑이가 떴다하면 마곡사 골짝으로 달려가는 버릇이 있는 것이다.

베드로의 산사탐방

마곡사는 계룡산 권역에 든 크고 작은 사암들을 보살피며 이끌어가는 수사찰(首寺刹)이다. 백제 무왕(武王) 때인 640년에 신라 고승 자장율사(慈裝律師)에 의해 세워진 것으로 전해지고 있다. 신라 스님이 백제 땅에까지 와서 불사를 일으킨 연유가 무엇인지 궁금하기는 해도 굳이 따질 필요는 없다. 부처님의 세계에서는 본래부터 너와 나의 경계가 없는 것이다.

　　스무 해 쯤 전만 해도 마곡사의 전각들은 잔뜩 굽은 허리를 지팡이에 의지한 채 서있는 노인처럼 낡고 기우뚱한 모습들을 하고 있었다. 산은 깊지 않지만 교통편이 불편해서 여간 벼르지 않고는 찾아보기가 어려웠던 탓이다. 그랬던 것이 절 앞으로 고속도로와 전용차로가 엇갈려 지나고, 세종시가 가까이 들어앉으면서 활기찬 회춘시절을 만난 것이다. 근래에는 절을 에워싼 울창한 송림을 비집고 천천히 걸으며 사색할 수 있는 슬로우로드(slowload)까지 조성해 놓았다. 이름 하여 '마곡사 솔바람길'인데 약 서너 시간 정도 소요되는 코스 중에는 '백범 명상로'가 있어서 세인들의 관심을 끈다.

　　'백담사에는 만해가 있고, 마곡사에는 백범이 있다'는 말대로 마곡사는 스물 세 살의 사형수였던 백범(白凡) 김구 선생이 인천감옥을 탈옥한 뒤 8개월가량을 은신해 있던 역사적인 장소다. 백범은 그때의 일을 소상하게 적어서 그의 〈백범일지〉에 남겨놓고 있기에 소개하면 다음과 같다.

"태화산 자락 마곡사에 도착한 것은 해가 서쪽으로 한참 기울어버린 오후였다. 걸음을 재촉하여 마곡사의 관문인 해탈문과 천왕문을 지나니, 극락교 너머로 아기자기한 가람이 보였다. 극락교 아래로는 마곡천이 사찰을 가로지르듯 흐르고 있었다. 절 치고는 참으로 희한한 구조다. 해탈문과 천왕문 왼편으로 영산전, 수선사, 매화당 같은 스님들의 수행공간이 있고, 대광보전과 대웅보전은 극락교 너머에 있는 것이다. 마곡천을 경계로 마치 현세와 극락이 나뉘는 듯한 모양새다. 알록달록한 연등이 달린 다리를 건너는 순간, 정말 딴 세상으로의 경계를 넘는 듯 묘한 설렘이 다가왔다. (중략) 마곡사는 저녁안개에 잠겨 있어서 풍진에 더럽힌 우리의 눈을 피하는 듯하였다. '뎅그렁 뎅그렁' 인경이 울려왔다. 저녁예불을 알리는 소리다. 일체번뇌를 버리라하는 것같이 들려왔다. (중략) 얼마 후에 나는 놋쇠로 만든 칼을 쥐어든 사제 호덕삼을 따라 냇가로 나가서 쭈그리고 앉았다. 덕삼이가 삭발진언을 송알송알 외우던 중 머리가 선뜩하여 눈을 떠보니 내 상투꼭지가 모래 위에 나뒹굴고 있었다. 이미 결심을 한 일이건만 머리카락과 함께 쏟아지는 눈물을 참을 수 없었다.”

백범이 삭발할 때 걸터앉았던 ‘삭발바위’는 명상길 초입에 홀로 남아서 길손을 맞고 있다. 경내 한 쪽 마당에는 상해에서 임시정부를 이끌다가 광복을 맞아 귀국한 뒤 마곡사를 다시 찾아와 심어놓은 향나무 한 그루가 백범 대신 서 있다. 또 그 옆에 있는 조그만 전각은 백범이 수행하던 곳이다. 지금은 ‘백범당(白凡堂)’이란 이름도 붙여주고, 마곡사에서 마을사람들과 함께 찍은 사진과 함께 백범의 선구자적 도도한 정신세계를 나타내는 자작시 한편이 걸려있다.

踏雪野中去　눈 덮인 들판을 밟고 갈 적에
不須胡亂行　어지럽게 걸어가선 아니 된다네
今日我行跡　오늘 내가 걸어간 발자국을
遂作後人程　뒷사람이 그대로 따를 테니까.

백범이 그 당우에서 머물 때 아침저녁으로 걷던 솔밭길이 지금은

'백범명상길'이 되었고, '마곡사 솔바람길'이 되었다. 백범이 이 길을 사랑했던 것은 그 옆을 흐르는 마곡천의 물소리에 번뇌를 씻어내기 위함이었을 것이다. 그러나 그는 '나라가 망하는데 어찌 나만의 안위를 지키려 승속에 머물러 있겠는가?' 라는 번민을 털어내지 못하고 마침내 행장을 꾸려 만주로 떠나갔던 것이다.

백범을 보낸 마곡사는 대신 만공(滿空) 스님을 불러들였다. 이미 일제의 식민지가 되어 조선의 민족문화를 말살하려는 총독부의 마수가 불교계의 속살까지 깊숙하게 뻗쳐있을 때였다. 이 땅의 많은 사찰이 왜색으로 물들어 혼탁하기 짝이 없었다. 그러나 태화산의 천년송보다 더 푸르고 결기 곧은 만공이 지키고 있는 마곡사만은 본래의 청정함을 잃지 않았다. 세월은 흘러가도 마곡사의 법등(法燈)은 본래의 환한 빛을 잃지 않고 있는 것이니, 백범과 만공이라는 두 거인의 대쪽 같은 결기 또한 천년세세 무진토록 살아있을 것이기 때문이다.

부여
무량사 無量寺

부여에는 높은 산이 보이질 않는다. 거의가 야트막하게 납작 엎드려 있다. 야트막히 흐르는 만수천을 따라서 펑퍼짐한 길을 하느작하느작 걷다보면 무량사의 경내로 들어선다. 극락전의 지붕이 깊게 휘어 우아하면서도 엄하지 않다. 다소곳한 부여의 자연처럼 편안하고 곱게 늙었다.

무량사는 만수산 만수리에 있다. 앞으로 흘러가는 만수천을 건너서다. 만수를 세 겹이나 둘러치고 있으니 그야말로 만수무량(萬壽無量)이다. 천세 만세를 넘어 영원을 뜻하는 말이다. 그래서 옛 사람들의 작별에는 '만수무량 하옵소서.' 가 반드시 들어가야 했다. 그것을 빠트리면 무례한 자가 되었으니 좋든 싫든 '만수무량' 으로 마무리를 해야 했던 것이다.

부여에는 높은 산이 보이질 않는다. 거의가 야트막하게 납작 엎드려 있다. 그처럼 겸손하게 살아야 만수무량할 수 있다는 자세다. 그래서 부여는 생각만 해도 애틋한 감정이 솟구쳐 오르는 것인지 모른다. 부여는 백제의 고도다. 그러나 삼한을 겨루던 신라의 경주나 고구려의 평양처럼 요란하지를 못하다. 삼천궁녀의 비애가 서린 부소산 자락에 그저 납작 납작 엎드려 있을 뿐이다.

부여의 절 무량사 역시 야트막하기는 마찬가지다. 야트막히 흐르는 만수천을 따라서 평퍼짐한 길을 하느작하느작 걷다보면 무량사의 경내로 들어서는 것이다. 천왕문을 지나 너른 마당에 들어서면 극락전이 맞이한다. 밖에서 보기에는 2층 구조 같지만 실은 1층으로 천정이 높을 뿐이다. 지붕은 깊게 휘어 우아하면서도 엄하지 않다. 그저 다소곳한 부여의 자연처럼 편안하고 곱게 늙었다.

극락전 법당 주인인 무량수불(無量壽佛)은 아미타불(阿彌陀佛)이다. 석가모니부처의 다음 시대인 미륵부처가 사바세계를 맡아서 제도할 때가 오면 석가모니불 시대를 살다가 죽은 혼령들을 보살피는 후세불이라고 한다. 하지만 석가세계의 중생이나 미륵세계의 중생이나 세상인연을 다하면 무량수불의 아미타세계로 돌아가야 하는 것은 매일반일 것이다.

무량사는 분명 백제의 절인데도 신라 문무왕대에 범일(梵日)국사가 창건하였다고 되어있다. 그게 무슨 대수랴. 경계도 없고 세월도 없고 일체의 분별과 구분이 없는 것이 부처님의 세계다. 그러니 조선의 난세 임금 인조 시대를 이곳 무량사에서 보내며 나무 열매를 따다 술을 가득 빚어놓고 날마다 대취하여 살던 진묵대사(震默大師)의 주정도 다 용서가 되는 것이다.

'하늘은 이불 / 땅은 요 삼아 / 산을 베고 누웠으니 / 달은 촛불,
구름은 병풍 / 서쪽 바다는 술항아리가 되도다 / 크게 취하여 춤
을 추다가 / 내 장삼을 천하 곤륜산에 걸어두도다.'

불성이 얼마나 호방했으면 이처럼 무엄하게 사바세계를 희롱하며
무애의 구도행각을 펼칠 수 있단 말인가. 산은 비록 납작하게 엎드려
있지만 진묵스님 이전에는 매월당(梅月堂) 김시습(金時習)이 기나긴 방
랑을 끝내고 이곳 무량사에 들어 있다가 세상을 뜬 것이다. 이곳에 그
의 사리탑이 있고 무진암으로 가는 언덕에 시비(詩碑)도 서 있다. 김시
습은 총명하고 글재주가 뛰어났다. 그러나 그 재주는 나라를 위해 쓰이
지 못했다. 삼각산 중흥사에서 과거공부를 하고 있던 때에 세조가 조카
인 단종의 왕위를 찬탈하는 사건이 발생했다. 스물 한 살의 김시습은
읽던 책을 모조리 불사르고 통곡하다가 머리를 깎고 중이 되었다. 설잠
(雪岑)이라는 법명을 얻었으나 절에 머물지 않고 팔도를 떠도는 운수승

(雲水僧)으로 보내다 지금의 경주 남산인 금오산(金鰲山)에 은거하며 한 문소설 〈금오신화(金鰲新話)〉를 지었다. 속세의 명리를 좇지 않는 소설 속의 순수한 인간상은 세상을 등진 채 염세적인 삶을 살아가는 그 자신의 모습이다.

김시습은 조카를 죽이고 왕위를 찬탈하는 비 인륜적 세태를 통렬한 풍자로 비판하며 일생을 보냈다. 그가 잠시 서울에 들렸을 때의 일이다.

한강을 거닐다가 단종 폐위사건의 주도적 인물로 세조의 주구가 되어 부와 권세를 움켜쥔 한명회가 지어놓은 정자를 발견했다. 자세히 살펴보니 편액에 이런 글이 쓰여 있었다.

'靑春扶社稷 白首臥江湖' 청춘부사직 백수와강호, 즉 젊어서는 사직을 붙잡고, 늙어서는 물가에 누웠다는 뜻이다. 김시습은 당장 붓을 꺼내 '扶(부)'를 '亡(망)'으로, '臥(와)'를 '汚(오)'로 고쳐버렸다. 이것을 풀이하면 '젊어서는 사직을 망치고, 늙어서는 강물을 더럽힌다.'는 뜻이다. 이 얼마나 통쾌한 조소(嘲笑)인가.

조선 제일의 방랑자요 풍운아였던 김시습은 59세의 나이로 무량사에서 입적했다. 화장을 하지 말라는 유언이 있어 절 옆에 임시로 묻어두었다가 3년 뒤에 제대로 장사를 지내려고 묘지를 열었더니 얼굴이 살아있는 사람처럼 붉게 화색이 돌았다고 한다. 그 모습을 본 승려들이 모두 놀라며 '부처'라고 경탄해마지 않았으니 무량사의 아미타 세상에서는 누구든 죽은 뒤에 부처가 되는 것이다.

논산
관촉사 灌燭寺

문수보살의 도움으로 은진미륵佛恩津彌勒佛을 세우자 눈에서 환한 빛이 뿜어 나오는데 그 광명이 서해를 건너 송나라에까지 미쳤다. 그 빛을 따라 은진미륵 앞까지 오게 된 송나라의 도승이 "미륵이 얼마나 빛이 나는지 멀리서도 촛불을 보는 것 같았다."고 말하여 관촉사灌燭寺가 되었다.

고려의 네 번째 왕인 광종(光宗)은 태조 왕건의 셋째 아들로, 형인 정종(定宗)이 스스로 왕위를 내어줄 만큼 총명했으므로 많은 치적을 쌓았다. 호족에 눌려있던 왕권을 회복하여 고려를 명실상부한 왕씨의 나라로 만들었고, 처음으로 과거제도를 시행함으로써 호족이 대를 이어 승계하던 관직을 초야에 묻혀있던 이름 없는 인재에게도 나누어 고려를 강대국으로 만드는 기반을 다졌다.

그와 더불어 시행한 것이 승과제(僧科制)다. 불교국가인 고려는 모든 것이 승려들에 의해서 움직여질 정도로 승단의 권위가 막강했다. 그만큼 불교를 존엄하게 여긴 것이다. 그러다보니 막된 자들까지 승적에 이름을 올리려 하는 풍토가 만연했기에 됨됨이를 골라 출가를 허용하는 승과제를 처음으로 도입하여 불교의 신령성을 보호했던 것이다.

그러한 때에 충청도 연산(連山) 고을에서 이적(異蹟)이 나타났다는 소식이 조정에 날아들었다. 커다란 암석 세 개가 땅 속에서 스스로 솟아올랐다는 것이다. 광종은 기이하게 생각하고 혜명대사(慧明大師)로 하여금 그 돌로 불상을 조성하여 솟아올랐던 그 자리에 세우라 명했다. 왕명을 받은 혜명대사는 솜씨 좋은 백 여 명의 석공을 데리고 연산으로 내려가 돌을 쪼아댄 지 장장 37년 만에 불상의 형태를 갖추게 되었다. 그러나 그 육중한 세 개의 돌을 차례대로 쌓아올릴 방도를 찾지 못해 끙끙 앓다가 또 3년을 허송하고 말았다.

그러던 어느 날, 고민에 빠져 개울을 서성이고 있는데 마을 아이 셋이 모래밭에 모여 돌쌓기 놀이를 하고 있었다. 혜명대사가 자세히 보니 세 아이가 각각 하나씩 들고 온 세 개의 돌을 쌓아 올리며 노는 것이었다. 한 아이가 밑돌을 놓으면 그 돌 주변을 모래로 메우고 다음 돌을 굴려 밑돌 위에 올리는 것을 지켜보던 대사는 소스라치게 놀라며 아이들 앞에 무릎을 꿇었다.

"아! 불사를 도우러 오신 문수보살의 현신이시여! 소승의 미련을 깨우쳐 주신 은혜를 어찌 잊으리까. 문수보살 마하살! 문수보살 마하살! 문수보살 마하살!"

그렇게 엎드려 절을 하고 일어나 눈을 떠보니 바로 전까지 재잘거리고 놀던 아이들이 자취 없이 사라지고 말았다. 혜명대사는 합장을 풀지 못하고 현장으로 달려가 아이들에게서 배운 방식대로 불사를 마무리하였으니 어언 40년이라는 기나긴 세월로 쌓아올린 공덕이었던 것이다.

혜명대사를 도와준 문수보살(文殊菩薩)은 지혜를 표상하기 때문에 대지보살(大智菩薩)이라고도 한다. 행(行)을 표상하는 보현보살을 대행보살(大行菩薩), 자비를 표상하는 관세음보살을 대비보살(大悲菩薩)이라고 하는 것도 같은 이치다. 그 중에 문수보살은 근엄한 보살이 아니다. 언제나 천진난만한 동자로 등장해서 티끌도 묻지 않은 깨끗하고 눈부신 깨달음의 지혜를 주고 사라지는 것이다. 《대방광불화엄경(大方廣佛華嚴經)》의 오백 선지식(善知識)을 찾아다니는 선재동자(善財童子)도 어쩌면 문수보살의 현신일지도 모른다.

어찌 되었든 문수보살의 도움으로 은진미륵불(恩津彌勒佛)을 세우자 눈에서 환한 빛이 뿜어 나오는데 그 광명이 서해를 건너 송나라에까지 미쳤다고 한다. 그것이 신기하여 빛을 따라 은진미륵 앞까지 오게 된 송나라의 도승이 "미륵이 얼마나 빛이 나는지 멀리서도 촛불을 보는 것 같았다."고 말하여 절 이름을 관촉사(灌燭寺)라 지었다는 것이다.

미륵신앙이 이 땅에 들어온 것은 5세기 무렵으로 보인다. 이 시기에 군림했던 신라 진흥왕이 그의 두 아들에게 금륜(金輪)과 동륜(銅輪)이라는 이름을 지어준 것은 《미륵하생경(彌勒下生經)》의 내용을 본뜬 것으로 생각된다. 또한 신라 화랑들이 불렀다는 '산화가(散花歌)'의 내용도 미륵을 주제로 한 것이다.

 '오늘 이에 산화 불러 / 뿌리는 꽃이여! / 너는 곧은 마음의 명을
 심부름하옵기에 / 미륵좌주를 모셔오라.'

 이는 단순한 미륵찬가가 아니라 용화세계라는 이상향을 꿈꾸던 당시의 시대상을 반영하는 것이라고 볼 수 있다. 그보다는 얼마 뒤의 일이지만 백제의 무왕이 세웠다는 익산의 미륵사 역시 용화세계의 이상을 백제 땅에 구현시키고자 하는 서원이 담겼던 것이다.

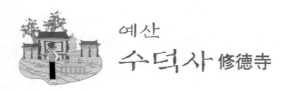

산도 덕이 높고 절도 덕이 높으니 어찌 우러름을 받지 않을 수 있으랴.
산과 절이 함께 지닌 높은 덕을 추앙하지 않는 이가 없다.

덕숭총림(德崇叢林)인 덕숭산(德崇山) 수덕사(修德寺). 산도 덕이 높고 절도 덕이 높으니 어찌 우러름을 받지 않을 수 있으랴. 산과 절이 함께 지닌 높은 덕을 추앙하지 않는 이가 없다. 바다 건너 제주도에 가서 물어봐도 그곳의 절은 모르면서 충청도 예산의 수덕사는 훤히 꿰고 있는 것이다. 이렇듯 산과 절이 모두 덕을 갖추게 된 재미있는 설화가 수덕사 창건설의 하나로 전해지고 있다.

먼 옛날의 이곳에는 수덕(修德)이라는 예쁜 낭자가 살고 있었다. 미모가 얼마나 빼어났던지 인근에 소문이 자자하여 마침내 홍주(홍성) 고을 수령의 외동아들인 덕숭(德崇)도령의 귀에까지 흘러들었다. 도령은 낭자를 만나보기 위해 예산까지 거동했고, 한눈에 반하여 그 자리에서 혼인을 청했다. 낭자가 한 가지 조건을 제시했다. 수덕사가 있는 자리에 절을 세워달라는 것이었다.

수덕낭자에 대한 덕숭도령의 불같은 연정은 마침내 불사로 이어졌다. 그러나 절이 막 완성되어 갈 무렵 도령의 실수로 불에 타버리고 말았는데, 절만 사라진 것이 아니라 낭자도 자취 없이 사라지고 말았다. 허망하여 낭자가 늘 앉아있던 곳을 멍하니 바라보고 있을 뿐이었다. 그런데 자세히 보니 그 자리에는 낭자가 신고 있던 버선에 수 놓여있던 무늬와 똑같은 꽃이 피어 그윽한 향기를 뿜고 있는 게 아닌가.

덕숭도령은 그제서야 낭자가 관음보살의 화신임을 깨닫고 다시 절을 세우고 낭자의 이름을 따라 수덕사라 했다. 또한 절을 품고 있는 산은 자신의 이름대로 덕숭산이라 했다는 것이니, 그들의 사랑은 산과 절이 되어 영원히 그 자리에 남아 있는 것이다.

수덕사를 비구니사찰로 알고 있는 이가 더러 있다. 그러나 그렇게 오해하도록 만든 대중가요 '수덕사의 여승' 을 만나려면 절 뒤편의 천 개가 넘는 자연석 계단을 숨 가쁘게 밟아 올라가야 한다. 수덕사의 부속사찰로 비구니 참선도량인 정혜사가 덕숭산 정상 부근에 있기 때문이다. 정신까지 알싸해지는 약수로 등정의 피로를 달래며 정혜사 마당에 들어서 보라. 수덕사의 정갈하면서도 웅장한 경내가 훤히 내려 보이고, 안면도와 서해바다가 그 창연한 물결을 넘실대며 나그네의 끝없는 탄성에 귀를 기울이고 있는 것이다.

　아득한 고대는 접어두고 백여 년만 거슬러 올라도 수덕사가 근대 한국불교의 뼈대인 선불교의 요람이라는 것을 수긍할 수 있다. 1880년대의 한 시절을 이곳에 주석하고 있던 경허(鏡虛) 스님에 의해 망가졌던 선불교가 기지개를 켰고, 경허스님의 수제자인 만공(滿空) 스님이 스승의 뒤를 이어 오랫동안 수덕사에 주석하면서 보월, 금봉, 용음, 설봉,

덕산, 서경, 전강, 춘성, 혜암, 금오, 벽초, 고봉, 법장 등 근대 불교사에
서 중심으로 활약했던 기라성 같은 인물 가운데 태반을 배출시켰던 것
이다. 비구니로 이름을 떨친 법희, 선복, 만성, 일엽 스님들도 만공 스
님의 제자들이다.

　만공 스님은 일제강점기 때의 인물로 한국불교를 말살시키려던 미

나미 총독의 서슬퍼런 강권을 주장자로 내려쳤던 근대불교의 자존심이다. 그런 분이 제자나 대중에게는 한없이 인자했고, 그의 설법은 무애를 넘어 천진난만하기까지 했다. 그 가운데 하나를 소개하면 이렇다.

1930년대, 수덕사의 주지 소임을 맡고 있던 만공 스님을 시봉하던 어린 사미가 있었다. 하루는 나무를 하러 갔다가 동네 머슴들로부터 '딱다구리 타령' 이라는 괴상한 가락을 배워가지고 와서 시도 때도 없이 불러댔다. 그것을 만공 스님이 듣고는 사미에게 이렇게 일렀다.

"네가 부른 그 노래가 참으로 듣기 좋구나. 잊어버리지 말거라."

"예, 큰스님."

사미는 스님의 칭찬에 신이 나서 더욱 열심히 노래를 불러댔다. 그러던 어느 날, 기울어 가던 조선 왕실의 상궁과 나인들이 수덕사를 찾아와 법명이 높던 만공 스님에게 법문을 청했다. 스님이 쾌히 승낙을 하고 마침 좋은 법문이 있으니 들어보라며 사미를 불러 상궁 나인들 앞에 세웠다.

"네가 부르던 그 노래를 큰 소리로 보살님들에게 들려드려라,"

사미는 목청을 돋우어 노래를 불렀다.

저 산의 딱따구리는 생나무구멍도 잘 뚫는데~ 멍텅구리 내 서방은 뚫린 구멍도 못 뚫네~

철없는 어린애가 부르는 노래였지만 구중궁궐 안에서 청신녀로 살아가는 상궁 나인들인지라 모두들 얼굴을 붉히며 어쩔 줄을 몰라 했다. 그러자 만공 스님이 그들을 향해 이렇게 일갈하는 것이었다.

"대중들이여, 지금 그대들이 사미에게 들은 법문 속에는 인간을 제도하는 만고불변의 진리가 들어있는 것이요. 마음이 깨끗하고 귀가 밝은 사람은 사미가 부른 노래에서 많은 깨달음을 얻을 것이나, 마음이 더럽고 귀가 어두운 사람은 한낱 추악한 잡념만 일으킬 것이외다.

원래 참법문은 맑음과 더러움이 없으며 아름다움과 추함의 경지도 넘어서는 것이요, 범부중생도 부처와 똑같은 불성(佛性)을 갖추고 있으니 이 땅에 태어난 모든 사람이 뚫린 부처 씨앗인데 그것을 모르면 멍텅구리인 것이요.

큰 길은 원래 훤히 뚫린 길이기에 막힘과 걸림이 없는데도 임금에서 고관대작에 이르기까지 또는 백성들까지 그 이치를 모르는 멍텅구리들이 많아서 나라를 빼앗기는 지경에 이르게 된 것이외다. 사미가 들려드린 노래는 이처럼 뚫린 이치도 알지 못하는 우리 스스로를 경책하는 훌륭한 법문인 것이요."

말씀이 끝나고 나서야 청신녀들은 만공스님에게 합장배례하며 존경을 표했다고 한다.

청양
장곡사 長谷寺

장곡사 드는 길은 '아름다운 길 100선'에 들만큼 수려하다.
시작에서 끝까지 모두가 아름답다. 너무 아름다워 한숨이 멈춰지질 않
는다.

청양 칠갑산은 남쪽의 삼수갑산이라 할 만큼 깊고 울창
하다. 그 한쪽 기슭에 통일신라 때 세워졌다는 장곡사가 있다. 그러나
그 위용은 칠갑산의 그것에 비해 보잘 것이 없다. 한국의 사찰이라면
피할 수 없었던 전란의 화를 용케 피해서 기둥 하나 소실되는 변고가
없었는데도 낡은 당우 너 댓만 거느리고 있는 욕심 없는 절이다. 다만
이 땅의 사찰에서는 아주 특이하게 대웅전을 두 채나 가지고 있다는 것
이 자랑이라면 자랑일 것이다.

그런데도 칠갑산 깊은 골짜기에 있는 조그만 절이라고 믿기지 않을
만큼 찾아오는 객이 제법 된다. 장곡사 드는 길이 남한의 '아름다운
길' 100선에 들 만큼 수려하기 때문일 것이다. 그 길이 갖추고 있는 아

름다움의 미덕을 나의 무딘 글로는 설명하기에 무리가 따른다. 하여 "장곡사 가는 길은 시작에서 끝까지 모두가 아름답다. 너무 아름다워 한숨이 멈춰지질 않는다."는 어느 나그네의 독백으로 대신하는 수밖에 없는 것이다.

사찰은 그 전각이 크다거나 많다거나 하는 것으로 평가하는 것이 아니다. 크든 작든 출가자의 수도처로서 그 절에 깃들어 있는 승풍(僧風)이나 청규(淸規), 계율(戒律), 정진(精進)의 자세가 얼마나 치열하고 청정한 것인지를 따져 품격을 재는 것이다. 그렇기에 장곡사의 규모는 비록 작을지라도 그 위세는 당당한 것이니, 경허선사(鏡虛禪師)와 만공선사(滿空禪師)라는 걸출한 선지식이 머물며 수도했던 인연을 갖고 있기 때문이다.

근현대불교사에 큰 족적을 남긴 두 스님은 장곡사에서 머지않은 서산의 천장암(天藏庵)에서 스승과 제자로 처음 만난 뒤 무애행(无涯行)을 함께 실천하며 살았던 도반으로, 승속에서 세속에 이르기까지 무릇 생명의 귀감이 되는 일화들을 수없이 만들어 낸 것이다.

경허와 만공이 장곡사에 머물 때 있었던 일이다. 두 스님이 술과 고기를 잘 먹는다는 소문을 들은 마을 사람들이 술과 파전을 부쳐 왔다. 두 스님이 맛있게 먹다가 만공이 스승에게 한마디 물었다.

"스승님, 저는 술이 있으면 마시고, 없으면 굳이 마시려 애쓰지 않습니다. 파전도 그렇습니다. 스승님께서는 어떠신지요?

"허어, 내가 중생을 제도할 스님을 만들고자 했더니 게을러터진 거렁뱅이를 만들었구나. 이 일을 어찌할꼬!"

경허스님이 장탄식을 하자 만공이 되물었다.

"스승님께서는 어찌하여 저를 거지라 하십니까?"

"이놈아, 있으면 먹고 없으면 먹지 않는 것은 거지나 하는 짓 아니더냐?"

"그러면 스승님께서는 어찌하시는지요?"

"나는 술 생각이 나면 밭을 갈아 밀을 심고 가꾸어서 누룩을 만들어 술을 빚어 마실 것이며, 또 파전이 먹고 싶으면 파 씨를 뿌리고 가꾸어서 파전을 부쳐 먹겠다."

만공스님이 어이가 없다는 표정을 지으며 대꾸했다.

"스승님께서 술을 드시는 것은 날마다 보는 일이지만 밭을 가는 것은 한 번도 보질 못했으니 어찌된 일입니까?"

"어찌 흙에다만 농사를 짓는단 말인고? 끝도 없이 넓은 마음의 밭에다 농사를 지으면 하루만 수고해도 평생을 먹고 남는다는 것을 몰랐더란 말이냐?"

또 이런 일이 있었다. 어느 날, 두 스님이 얕은 개울을 건너게 되었는데 젊은 여인이 냇물 앞에서 건널까 말까 망설이는 것을 본 경허 스님이 여인을 덥석 업어서 건네주었다. 이를 못마땅하게 여긴 만공이 경허에게 한마디 했다.

"누구에게 업히지 않아도 충분히 건널 수 있는데, 불제자인 스승께서 망측하게도 여인을 업어 건넨 까닭을 이해할 수가 없습니다. 도대체 왜 그러셨습니까?"

"나는 그 여인을 벌써 내려놓았는데 네 놈은 아직도 업고 있느냐?"

이것이 유명한 경허와 만공의 선문답(禪問答)이다. 불교는 모든 것을 뛰어넘는 초월의 종교라고 한다. 세상 이치에 갇혀서는 초월의 삶을 살아갈 수가 없다. 이치란 이미 정해진 틀이기 때문에 그 틀을 벗어나야

초월을 얻을 수 있는 것이다. 다시 말해 땅에다 농사를 짓는 것은 불변의 이치다. 그러나 마음이란 것은 실체도 없고 보이지도 않는 것이다. 거기에 어떻게 농사를 짓는단 말인가. 이치에 맞지 않는다. 그러나 그 이치를 깨트리는 것이 초월이고, 이치에 벗어난 선문답을 통해서나 깨달음을 구할 수 있는 것이다. '심전경작(心田耕作)' 이라고 마음을 다스리면 이루지 못할 것이 없다. 모든 것은 마음먹기에 달렸다고 하지 않던가. 경허는 제자 만공에게 일체 걸림이 없는 무애의 삶을 살아갈 수 있는 수행은 지혜의 밭을 가꾸는 것이라는 깨달음을 주기 위해 이러한 선문답을 주고 받았던 것이다.

경허와 만공은 사제지간이다. 나이도 경허 스님이 스물두 살이나 많다. 그런데도 경허와 만공은 친한 벗처럼 농을 주고받으며 허물없이 지냈다고 한다. 만공이 큰 인물이 될 것을 경허는 이미 알아보았던 것이다. 그리고 그 기대는 헛되지 않았다. 만공은 경허를 평생 동안 보필하며 서산대사 이후 맥이 끊기다시피 한 선불교(禪佛敎)를 되살렸고, 일제 36년 동안 왜색불교(倭色佛敎)로 타락한 승속(僧俗)을 개혁하여 청정한 승풍의 조계종단을 태동시킨 한국불교의 중흥조(中興祖)로 추앙받고 있는 것이다.

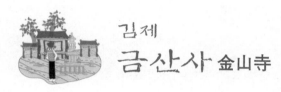

김제
금산사 金山寺

모악산母岳山 품에 안긴 금산사는 쓸쓸하고 허전하다. 백제가 멸망하고
부터 누적된 이 땅의 슬픔은 모악산 어느 그늘 밑 뻐꾸기 울음에도
담겨 있다.

호남의 어머니 같은 산이라고 해서 모악산(母岳山)이니
그 품에 안긴 금산사(金山寺) 또한 호남 제일의 대찰인 것은 당연하다.
그러나 호남의 안 땅을 에워싸고 있는 풍경은 쓸쓸하고 허전하다는 느
낌을 갖게 한다. 그러한 애수(哀愁)는 김춘추의 나제동맹(羅濟同盟)에 의
해 백제가 멸망하면서 부터라 아주 오래된 슬픔을 이 땅은 털어내지 못
하고 있는 것이다.

　　달아 노피곰 도드샤 어긔야 머리곰 비취오시라
　　어긔야 어강됴리 아으 다롱디리
　　어느이다 노코시라 어긔야 내 가는데 졈그를세라

어긔야 어강됴리 아으 다롱디리

　패망한 나라는 역사도 지우고 노래도 지워야했다. 그러나 어쩌다 살아남은 망국의 유민(遺民)들은 뿔뿔이 흩어져 여기 모악이나 무등의 깊은 줄기로 숨어들 때, 이 노래 하나만은 가슴에 묻고 와서 개다리소반의 부러진 젓가락 장단으로 살려놓았던 것이다. 그리고 이 백제의 노래 하나가 남아있음으로써 망국의 역사 한 가닥은 간신히 부지할 수 있게 된 것이다.

　역사란 것이 언제나 승자의 마음대로 떼었다 붙였다 하는 '이이합합이리(離而合 合而離)'의 누더기라는 것을 깨닫고 보면 굳이 정통성을 따진다는 것 자체가 부질없는 짓이다. 후백제의 견훤이 아들 신검에의해 왕위에서 쫓겨난 뒤 이곳 금산사의 어느 전각에 갇혀 있다가 야반도주하여 고려의 왕건에게 목숨을 구걸했다는 이야기도 허망하기는 마찬가지다.

　이처럼 한 많은 땅을 찾아드는 사람이라면 모악산 어느 그늘 밑에서 들려오는 뻐꾸기 울음에도 백제인의 한과 혼이 서려있음을 알아야 될 일이다. 그것만이라도 알아준다면 호남의 오래된 슬픔도 언젠가는 북과 장구와 꽹과리를 앞세우고 신명나게 길굿을 벌이며 동당거릴 날도 있지 않겠는가.

　금산사는 백제 법왕 1년(599)에 창건된 고색창연한 사찰로 국보 제62

호로 지정된 거대한 미륵전과 동양 최고의 금동미륵불이 그 전각 안에 봉안되어 있다. 미륵전은 3층으로 보이나 내부는 통층인데, 높이 11.8m나 되는 거대한 미륵삼존을 모셔놓기 위해 지붕을 높이느라 그렇게 지은 것이다. 몇 해 전만 해도 보물 제 476호 대적광전은 1986년 화재로 소실, 복원되었으나 보물이 지위를 잃었다.

금산사의 미륵불 역시 석가모니불의 다음 세대를 잇는 미래광겁(未來曠劫)의 주세불이다. 석가불이 말법까지 맡은 다음의 미래세상을 주관한다는 금산사의 미륵신앙은 여러 사교(邪敎)를 탄생시키기도 했다. 중산교, 용화교, 미륵교, 백백교, 보천교 같은 것들이 모악산의 크고 작은 줄기마다 생겨나 '머지않은 날에 미래세의 미륵님이 이곳 모악산에 도래하시니 무릇 중생들은 늦지 않게 때를 맞춰 미륵님의 아들딸이 될지어다.'라고 혹세무민하며 그 목숨들을 부지하고 있는 것이다.

어디 그뿐이랴. 금산사의 그늘을 덮고 살아가는 김만평야, 군산평야, 논산평야의 드넓은 지역이 금산사를 닮아가고 있다.

'모악산의 남쪽에 있는 금산사는 본래 그 터가 용이 살던 못으로써 깊이를 헤아릴 수 없었다. 신라 때 조사(祖師)가 여러 말의 소금으로 이곳을 메워서 용을 쫓아내고 터를 다져 그 자리에 대전(大殿)을 세웠다고 한다.'

벼가 많이 나는 고을이라 하여 '벽골제' 라 불릴 만큼 이 나라 최대의 곡창이지만 비바람이 거스르면 농사는 말짱 허사다. 자연히 금산사 창건설화의 주인인 용에게 하늘의 다스림이 순조롭기를 비는 풍습이 생기면서 마을 이름도 '용' 자 돌림이 많고, 민속놀이나 노래 가락에도 어김없이 '용' 이 등장하는 모양이다.

그러나 모악산은 우락부락한 용틀임의 기상을 갖고 있지는 못하다. 밋밋하고 단순해 보이는 능선은 마치 새끼줄을 꼬아 길게 늘여놓은 금줄 같기도 하고, 막 몸을 푼 푸석한 얼굴로 아기를 품고 있는 어머니의 인자한 모습이다. 그래서 어머니 산이라 우러름을 받는 것이고, 그래서 더욱 울창해 보이는 소나무 숲이 청정한 바람을 일으키면 개울의 옥돌 바닥이 그 솔바람을 받아 새파랗게 맑은 물을 사시사철 흘려보내는 것이다.

정읍
내장사 內藏寺

백제 땅에 드물게 남아있는 백제의 고찰 내장사.
천년의 유구한 세월을 수없이 불타고 무너졌지만 한반도 제일의 보물
'단풍'이 남아 불가佛家의 엄정한 가풍을 돌보이게 하고 있다.

삼한시대의 백제불교는 신라불교보다 약 150년 가량 일
찍 시작되었고 불교문화도 신라보다 발달해 있었다. 그러나 백제 땅에
는 백제가 세운 사찰보다 신라가 세운 사찰이 더 많다. 백제가 신라에
게 멸망하고 사람도 강산도 승자에게 귀속되면서 사찰까지 신라의 이
름으로 바꿔달고 귀화한 때문일 것이다. 그렇지 않고서야 불교문화가
삼한 제일이었던 백제가 절을 세울 때 적국인 신라 승려의 힘을 빌렸을
리가 없다.

옛 백제 땅에서 백제의 손으로 세웠다는 창건설을 유지하고 있는 사
찰을 만나면 괜히 반가우면서도 처연하다는 생각이 든다. 망국의 설
움을 지그시 견디며 신라로 귀화하지 않고 오랜 세월 지조를 지켜냈

다는 것이 그러한 감회를 갖게 하는 것이다. 그 중의 하나가 정읍의 내장사다.

절의 창건 기록에는 '지금으로부터 1,300여 년 전 백제 30대 무왕 37년에 백제 고승인 영은조사(靈隱祖師)가 대웅전 등 50여 동에 이르는 대가람을 창건하고 백제인의 신앙적 원찰로 영은사(靈隱寺)라 했다.'라고 적혀있음이다.

내장사는 백제 땅에 드물게 남아있는 백제의 고찰이다. 그러나 고찰에는 몇 점씩 전해지기 마련인 성보문화재를 단 한 점도 지니고 있지 못하다는 것은 유감이다. 화마에 전소되는 불운을 수없이 겪다보니 빈 털터리가 되고 만 것이다. 2012년에는 몇 안 되는 전각 중에서 세월의 때가 조금은 묻어있던 대웅전마저 화마에 휩싸여 흔적을 지워버리고

말았다. 하지만 내장사는 2015년 완전 복원하였다. 원래 세상에 존재하는 것은 생겨나면 반드시 없어지기 마련이고, 없어지면 반드시 다시 생겨나는 윤회(輪回)의 반복이지 않은가.

불가의 미덕인 무소유 사상도 찰나(刹那)를 살다가는 목숨인데 많이 지닐 필요가 없다는 본보기라 할 수 있다. 그래서 거처도 없이 밥을 얻어먹어가며 필요한 것은 얻거나 주워서 해결하는 만행(漫行)이 승속의 중요한 수행법이 되어왔던 것이다.

얼마 전까지만 해도 인도의 승려들은 시체를 쌌던 천으로 승복을 기워 입었다. 그들이 가장 쉽게 구할 수 있는 옷감이 시체를 싼 천이었기 때문이다. 인도의 장례 풍습은 화장을 하거나 '시림(屍林)'이라는 숲에 내다 버리는 것인데 화장보다는 시체를 숲에 버리는 수림장이 많다. 그 버려진 시신에게서 얻은 헝겊에는 온갖 더러운 것들이 묻어있기 마련이다. 그러나 인도의 승려들은 조금의 거리낌도 없이 그것을 벗겨다 깨끗이 빨아서 강가의 진흙 속에 묻어 두었다가 흙물이 배어들면 옷을 만들어 입었던 것이다. 그렇게 얻은 천으로 만든 옷을 '괴색옷'이라고 한다. '무너질 괴(壞)' 자를 넣어 괴색(壞色)인 것이니, 무너진 사람이 걸쳤던 헝겊으로 무너질 사람이 옷을 만들어 입었다는 뜻이다.

내장사도 그랬다. 수없이 불타고 무너졌지만 그 무너진 자리를 쓸고 다져 다시 일어서기를 거듭하며 천년도 훌쩍 넘는 유구한 세월을 이어오고 있는 것이다. 비록 흘려보낸 세월이 남긴 고색의 유물은 없다 해도 그 대신 어디에서도 볼 수 없는 내장산의 단풍이 있지 않은가. 해마다 가을이면 정읍, 순창, 장성 일대를 휘감고 있는 노령산맥 줄기를 온통 빨간 정염(情炎)의 세계로 바꿔놓는 내장산 단풍은 이 나라의 계절이 선사하는 한반도 제일의 보물인 것이다.

내장산 여인은 화장을 하지 않아도 단풍에 물들어 염염하기가 천하제일이라 했다. 그래서인지 만산홍엽의 내장산 단풍그늘을 벗어나오면 금강산 만물상에는 미치지 못해도 설악의 울산바위쯤은 되는 서래봉의 장엄한 기암절벽이 나그네를 위압하고도 남는 기세다. 최고봉인 신선봉(763m)을 필두로 서래봉, 불출봉, 연지봉, 망해봉, 까치봉, 연자봉, 장군봉, 월영봉 등 '내장 9봉'은 단풍 1번지인 내장산을 '대한 8경'으로 승격시켜 놓은데 결정적인 일등공신들이다. 또한 그들이 지니고 있는 눈부신 경관은 내장사가 지니고 있는 불가의 엄정한 가풍을 더욱 돋보이게 하는 공로도 있는 것이다.

부안

내소사 來蘇寺

내소사에서 노을을 바라보며 은은하게 울려오는 동종 소리를 듣고도 눈물을 흘리지 않는 사람과는 사귀지도 말라는 말이 있다. '변산팔경'의 대부분이 내소사 경내에 있거나 조망권에 있다.

'변산을 제대로 보려면 적어도 일주일은 내야 한다.'는 말이 있다. 그만큼 볼거리가 많다는 것이다. 그래서 이곳에도 '변산팔경'을 정해 놓았다. '적어도 일주일'을 요하는 유람이니 겨우 팔경뿐이겠는가. 하지만 여덟 가지 구경이면 족하는 것이 우리네의 습성이다. 한반도를 다 해야 '대한팔경'이고, 강원도를 다 해야 '관동팔경'이 전부인 것이다. 이렇다 보니 변산이라고 해서 도를 넘을 수는 없는 노릇이어서 압축하고 압축해서 만들어놓은 8경 가운데 5경이 능가산(楞伽山) 내소사(來蘇寺) 경내에 있거나 조망권에 들어있는 것이다.

그 하나가 웅연조대(熊淵釣臺)다. 줄포에서 곰소까지 이어지는 아름다운 변산해변에 펼쳐지는 어선의 행렬과 어선들이 밝혀든 야등(夜燈)

베드로의 산사탐방

이 밤바다에 어리는 야경을 비롯해 어부들이 낚시질을 하며 노래하는 모습을 내소사에서 내려 볼 수 있다.

둘은 곧은 소리로 떨어진다는 직소폭포(直沼瀑布)다. 이것은 변산팔경의 압권이라 '직소폭포를 보지 않고는 변산을 말할 수 없다.' 고 하는 것인데 내소사 뒤편 월명암 가는 길에 있다.

셋은 소사모종(蘇寺暮鐘)이라 하여 노을이 깔리는 저녁 무렵 내소사 동종 소리를 들으며 숲길을 걷는 정취가 너무나 애련하여 눈물을 흘리지 않는 사람이 없을 정도란다.

넷은 월명무애(月明霧靄)다. 내소사 부속 암자인 월명암 마당에 쏟아지는 달빛에 파묻혀 밤을 지새우고 새벽을 깨우는 산새 소리를 들으며 아침 해무(海霧)가 휘감은 산봉우리의 풍경 역시 한 폭의 진경산수다.

다섯은 서해낙조(西海落照)로 월명암 낙조대에 올라 고군산열도의 점점이 늘어선 크고 작은 섬과 바다를 붉게 물들이며 사라져가는 일몰 풍경은 전국에서도 이름난 해넘이 장관이다. 이밖에도 채석강과 쌍선봉과 주류산성으로 더 잘 알려진 개암사 일대의 고적이 나머지 8경을 채우고 있다.

그뿐이랴. 옛날부터 십승지(十勝地)로 알려진 봉래구곡(蓬萊九谷)이 경내에 있고, 곰소항과 곰소만이 코앞이다. 그 납작한 포구에서 고개를 들어 낙조에 물들어가는 능가산의 봉우리들을 올려보면 구품연화대(九品蓮花臺)가 저기라는 착각을 일으키고 만다. 그 곰소포구에 그대로

서서 노을 속에 진창으로 드러나는 갯벌 너머로 모습을 드러내는 소군산열도의 위도, 계화도, 비안도 등 올망졸망한 섬들을 보면 연화장(蓮花藏) 세계가 또 거기에 있다는 느낌이다. 이러한 서정(敍情)이 있었기에 조선의 여류시인 매창(梅窓)을 비롯해서 신석정과 서정주 같은 근대 시문학의 최고봉을 낳고 길렀으리라.

변산반도의 풍광이 이러하기에 방랑승(放浪僧) 혜구대사(惠丘大師)가 가인봉(佳人峰) 단애절벽 아래 전나무 숲을 헤집고 들어와 절을 세우고 오랜 방랑을 여기에서 멈췄던 것이다.

내소사에서 서해 갯벌에 떨어지는 노을을 바라보며 은은하게 울려오는 동종 소리를 듣고도 눈물을 흘리지 않는 사람과는 사귀지도 말라는 말이 있다. 그만큼 구슬픈 소리를 낸다는 내소사 동종은 이곳 변산의 한 폐사지에 묻혀있던 것을 옮겨온 것인데 고려시대 것이라고 한다.

그러나 그 종소리보다 더 구슬픈 이야기가 있다. 조선시대의 한 여인이 죽은 남편의 명복을 빌기 위해 내소사에 머물며 불공을 드리는 틈틈이 《법화경》을 사경해 놓은 일곱 권의 〈법화경사본(法華經寫本)〉이 그것이다. 여인이 《법화경》을 사경할 때 글자 한 자를 쓸 때마다 절을 한 번씩 올리는 정성으로 필사해 남겨 놓았다는데, 망부의 명복을 비는 정성이 얼마나 지극했기에 한 획 한 획에 스며든 묵흔(墨痕)은 신운(神韻)이 감돌정도다.

《법화경》 사경을 마치자 죽은 남편의 영혼이 나타나서 여인의 귀밑머리를 매만지다 사라졌다는 이야기를 통해 사랑이 지극하면 생사의 경계도 허물 수 있다는 생각을 하게 된다. 그처럼 눈물겨운 전설이 깃들어 있기에 변산의 풍경 또한 눈물겹도록 아름다운 것인지 모를 일이다.

고창
선운사 禪雲寺

빠름과 느림의 중간 정도, 조금은 느긋하고 여유롭게 사는 것이 행복한
삶을 영위하는 방법이라면, 선운사로 가는 황톳길을 걸어보자. 느리게
걸어가는 최적의 '슬로시티(slow city)'다

　　　　선운사 가는 길은 황톳길이다. 충청도를 벗어나는 금강
하구 건너 군산에만 발을 들여도 늙은 황소의 힘겨운 쟁깃날이 뒤집어
놓은 밭고랑이 빨간 속살을 드러낸 채 남도 황톳길의 시작을 알리는 것
이다. 그 빛깔 좋은 황토는 아래로 내려갈수록 더욱 붉어져서 김제, 정
읍, 고창 뜰에 이르면 절정의 진홍으로 변한다. 그리고 그것이 진정한
남도의 색깔이고, 민족의 정서이면서 죽은 영혼을 달래는 구원의 빛깔
이라고 여긴다.

　그 황톳길에 들어서면 아무리 바쁜 사람도 발걸음이 마냥 느려진다.
그래서 이곳이 '서편제'라는 느려터진 가락의 고향이 된 것이고, 콧소
리가 치렁치렁하게 휘늘어진 전라도 사투리를 만들어낸 것이다. 그것

을 고답적이라고 한다면 실례겠지만, 오래전 선운사를 지키던 주지스님도 꽤나 고답적인 삶을 살고 있었다.

그는 절에서 사용하는 자동차가 있는데도 일흔을 훌쩍 넘긴 노장의 몸으로 고창 읍내는 물론 말사인 내소사까지도 걸어서 다녔다. 바깥바람이라도 묻히고 돌아오는 날에는 삼베바지부터 벗어들고 누렇게 배어든 흙먼지를 탈탈 털어내기 바빴다.

"연세도 계신데 굳이 걸어 다니느라 수고를 하십니까?"

"중한테는 먹는 일도 수행이고, 자는 일도 수행이고, 걷는 일도 수행이지 않은가? 먼 곳이야 할 수없이 차를 타야겠지만 오십 리 정도는 걸어서 다니지요."

"요즘에는 십 리만 되어도 걸어 다니는 사람이 흔치 않습니다."

"나 같이 시골 절 방을 지키는 늙은이가 무에 바쁠 것이 있다고 자동차 꽁무니에 매달려 다니겠습니까. 더군다나 부처님께서 말씀하시기를 고행이 아닌 길은 출가자의 길이 아니라고 하시지 않았습니까."

"시대가 변했지 않습니까?"

"도를 닦는 일이 시대를 따라가면 쓰나요."

"시대를 쫓는 것은 세속적이란 말씀인가요?"

"시대를 아주 등질 수는 없겠지요. 다만 수행의 정신마저 변질되면 안 된다는 것이지요. 그리고 걷는 것은 고행이 아니라 아주

좋은 건강수행법이라고 생각해요. 옛날 나라님들이 단명한 것
은 걷지를 않았기 때문일 겁니다. 문 밖에만 나서도 연을 타던
권위의식이 명을 단축시킨 거지요."

선운사 황톳길은 요즘 말로 느리게 걸어가는 최적의 '슬로시티(Slow
city)' 다. 1999년 이탈리아에서 시작된 '느리게 먹기'와 '느리게 살기'
운동은 농촌과 도시, 아날로그와 디지털, 로컬과 글로벌을 조화시킨 중
도적 삶을 살아감으로써 산업화로 지친 삶의 건강과 행복을 되찾자는
목적이 있다. 즉, 빠름과 느림의 중간정도의, 조금은 느긋하고 조금은
여유롭게 사는 것이 행복한 삶을 영위할 수 있는 방법이라는 것이다.

돌이켜보면 우리 한국인처럼 숨 가쁘게 살아온 민족은 드물 것이다.
1970년대 초까지만 해도 세계에서 가장 가난하고 후진적이었던 나라
가 불과 30년 만에 열 손가락 안에 드는 경제대국으로 성장했다. 세계
에서 유례를 찾아볼 수 없는 초고속 성장이었지만 2000년대로 진입하
면서 그 숨 가빴던 성공신화는 진화를 멈췄다.

수십 년을 달리기만 하다가 지쳐버린 탓도 있지만, 열심히 달리기만
하면 앞설 수 있었던 아날로그시대에서 머리를 써야 먹고 살 수 있는
디지털시대로 변해버린 탓이 크다. 디지털시대는 창의적인 상상력이
최고의 가치가 되는 것이지만 달리기만 하느라 상상의 나래를 펼칠 여
유가 없었던 우리들이고 보면 디지털시대는 적응하기 힘든 낯선 세상

에 불과한 것이다.

21세기가 되면서 슬로시티에 대한 관심이 높아지는 까닭도 창의적인 상상력이나 아이디어 같은 것이 천천히 걸을 때에 많이 떠오르기 때문이란다. 천천히 걸으면 지식이나 생각을 담아두는 오른쪽 뇌의 활동이 활발해진다는 것인데, 그렇다면 선운사 황톳길이야 말로 천천히 걸으며 사색하기에 그만인 슬로시티가 아닐 수 없다. 주차장에서 일주문까지 단정하게 다듬어진 오솔길도 그렇고, 도솔암으로 올라가는 산길 또한 사계절 내내 황홀한 경치를 자아내고 있지 않은가.

봄에는 선운사 뒷마당을 병풍처럼 둘러치고 있는 아름드리 동백 숲이 피워내는 절경이 있고, 여름에는 소낙비도 넉넉히 피할 수 있는 녹음방초와 그 초록의 숲에 숨어 울어대는 뻐꾹새의 멋들어진 가락이 있다. 가을에는 도솔산의 봉우리와 봉우리를 가득 메운 단풍물결이 붉게 타는 노을을 희롱하는 것이고, 겨울에는 은백의 눈꽃이 천지를 뒤덮고 있다. 그리고 그 속에는 미당 서정주 시인의 가슴을 흔들어놓던 막걸리집 여인의 목쉰 육자배기 가락도 아직은 남아있는 것이다.

여기에서 굳이 선운사의 전각이나 그에 배어있는 역사와 기풍 따위를 거론할 필요는 없다. 왜냐하면 선운사는 이미 선운사 동백이 주불처럼 사랑을 받고 있는 것이고, 선운사 황톳길은 그 나름대로 현대와 미래를 살아갈 중생들의 정신과 육체의 건강을 지켜주는 약사여래와 같은 존재이지 않은가.

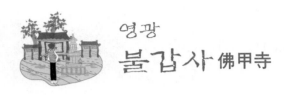

영광
불갑사 佛甲寺

불법(佛法)을 꽃피운 포구에 자리한 불갑사는 '백제권역에 세워진 최초의 절'이라는 말의 시시비비에 연연하지 않는다. 실상(實相)을 온전히 지켜나 가는 넉넉한 마음이 중요할 뿐.

영광은 땅과 바다가 모두 비옥하며 가뭄이 몇 년을 지속 해도 물이 마르지 않아 사람들은 연년세세 배를 두드리며 태평가를 불러온 복지(福地) 중의 복지다. 쌀과 소금과 목화와 눈이 많아 옛날부터 4백(白)의 고장이라 했다. 영광고을에 부임해온 수령 방백(守令方伯)은 대개 당상관으로 영전하여 올라가는 사례가 많아 '옥당(玉堂) 고을'로도 불렸다.

물산이 풍부한 부자고을의 수령이다 보니 중앙의 실권자에게 보내는 상납도 넉넉하게 챙겼을 것이고, 그것이 권력층의 눈에 들어 품계가 올라갔을 것이다. 그렇지만 사람들은 그것을 탓하지 않는다. 불교가 처음으로 들어온 고장이고, 나라에서 처음으로 절터를 내준 고장이기에 부처님께서 특별한 가피를 내려주시는 것으로 돌려버리고 만다. 먹을 것이 넉넉하다보니 마음까지도 넉넉해서 어지간한 시비꺼리는 슬쩍 눈을 감아주는 도량을 갖추고 있는 것이다.

'아미타여래가 천축에서 교화를 마치고 백제로 건너와 눈부신 빛을 내어 천지를 비추니 백제왕궁의 군신이 혼비백산하였다. 이때 여래가 그들에게 이르기를 "그대들은 두려워하지 말거라. 이곳 왕이 지난 날 천축에서 장자로 살 때에 나를 청하여 공경하였기에 지금 이곳의 왕이 되었으나 향락에 빠져 주야로 악업을 지어 삼악도에 떨어지게 되었다. 하여 그대들을 깨우쳐 제도하고자 왔느니라."고 하자 모두 머리를 조아리고 불법을 널리 펴게 했다.'

백제의 멸망과 더불어 모든 것이 불에 타서 구전으로나 간신히 전해지는 백제불교의 연기설(緣起說)에 의하면 백제에 불교를 처음 전파한 인도 승려 마라난타존자(摩羅難陀尊者)는 아미타여래가 보낸 사자(使者)인 것이다. 백제에 불교를 전하라는 아미타여래의 명을 받은 마라난타존자는 지금의 법성포에 상륙하여 백제 최초의 사찰을 건립한 것으로 전해지고 있다.

마라난타존자가 백제 땅에 첫발을 들였다는 법성포의 백제시대 지명은 '아무포(阿無浦)'로 아미타여래를 함축한 발음법이라고 한다. 또

한 고려 초에는 '부용포(芙蓉浦)' 였다. 불법을 꽃피운 포구라는 뜻이다. 고려 말에 지금의 법성포(法聖浦)가 되었다. 불교를 전파한 성인이 들어온 포구라는 뜻이다. 그 법성포 일대를 아울러 영광(靈光)이라 했다. 그 또한 우주법계와 억만 생령이 본래부터 지니고 있는 '깨달음의 빛' 을 뜻하는 불교용어다.

이러한 연유로 영광은 백제불교의 도래지로, 불갑사는 백제권역에 세워진 최초의 사찰로 보아야 한다는 주장이 있다. 그러나 또 한편에서는 확실한 사료가 없는데 어떻게 믿을 수 있느냐며 회의적으로 생각하는 학자도 있다. 하지만 몸과 마음이 모두 넉넉한 영광사람들에게는 시비거리가 되지 못한다. 거기에는 분명히 불갑사가 있는 것이고, 그 실상(實相)을 온전히 지켜 가면 그만인 것이다.

불갑사는 한국의 산사들이 대부분 갖추고 있는 기암절경(奇巖絶景)은 아니다. 절을 사방으로 완벽하게 둘러싸고 있는 산맥이 물컹한 토산(土山)지대이다 보니 기암 대신 숲을 살찌워서 일대가 마치 녹색의 바다가 출렁대는 환상을 갖게 한다. 또한 그 빼곡한 수림은 불갑사 뒷마당인 저수지에 웅장한 산수화 한 폭을 그려놓고 있는 것이니 다른 사찰에서는 쉽게 볼 수 없는 진경이다.

그 푸른 숲은 '꽃무릇' 이라고도 하고 '상사화' 라고도 하는 진홍의 꽃 바다에 에워싸여 마치 거대한 태극 문양처럼 적(赤)과 청(靑)의 뚜렷한 선을 그려내고 있는 것이다. 꽃대가 올라올 무렵이면 잎이 모두 떨어지기 때문에 꽃과 잎이 만날 수 없는 운명을 한탄하며 서로 그리워한다 해서 상사화로 많이 불리는데 여기에는 또 그럴 듯한 전설이 붙어있다.

옛날 불갑사에는 젊은 스님이 살고 있었다. 어느 날, 갑자기 소낙비가 퍼부어서 마당으로 뛰쳐나갔다가 비에 흠씬 젖은 채 탑돌이를 하고 있는 여인을 발견했다. 젖은 옷이 몸에 찰싹 달라붙어서 마치 알몸을 보는 듯 하여 연모하는 마음이 싹텄지만 여인은 백일기도를 마치고 절을 떠난 뒤로는 나타나지 않았다. 젊은 스님은 그리움을 견디지 못하고 시름시름 앓다가 피를 토하고 죽고 말았다. 그런데 다음해 봄, 그의 무덤가에 못 보던 꽃대가 피어올랐는데 색깔이 마치 스님이 토해낸 핏빛이었다. 그것을 본 사람들이 죽어서도 낭자를 그리워하는 스님의 혼령이 꽃으로 피어난 것이라 하여 상사화로 불렀다고 한다.

그 한 송이의 꽃이 오랜 세월동안 쉬지 않고 씨방을 터뜨려 지금은 약 30만 평에 달하는 상사화 천국을 만들어놓고 있는데, 극락세계에 있다는 화류장(花柳場) 또한 그런 모습이지 않겠는가.

화순
운주사 雲柱寺

운주사의 석불들은 형상은 비록 낡고 낡았지만 정신만은 청청하게 살아
있다. 친근한 골목길 이웃의 모습으로 메마른 사회에 따뜻한 훈김을 불
어넣어 주고 있다.

　　　　　천불산 다탑봉 운주사(雲柱寺)의 창건에 관해서는 여러
가지 설이 있지만 신라말 도선(道詵)국사가 풍수지리에 근거하여 비보
사찰(裨補寺刹)로 세웠다는 설이 가장 유력하다. 즉, 한반도의 지형을 배
모양에 비유하여 배에 무게가 실리지 않으면 침몰하기 쉽기 때문에 그
배의 짐칸에 해당하는 화순 운주곡에 천불 천탑을 세우고 그 육중한 돌
의 무게로 배를 제압하는 수단으로 삼았다는 것이다.

　1481년에 편찬된 〈동국여지승람〉에는 '운주사는 천불산에 있으며,
절 좌우에 석불 석탑이 각 일천 기씩 있고 그중 두 개의 석불은 서로 등
을 기대고 앉아있다.' 고 했다. 그랬던 것이 일제 총독부의 조사에서는
'석탑이 22기, 석불이 213기가 있다.' 고 했으나, 지금은 석탑 17기, 석

불 80여기만 남아있다.

오랜 세월을 거치며 거의 대부분이 유실된 것이다. 그러나 나는 없어진 것에 대한 아쉬움은 없다. 누군가가 불법으로 반출했다 해도 그것은 사회법일 뿐이고, 내가 이해하고 있는 불교 교리대로라면 인연을 찾아간 것이기 때문이다. 남아있는 탑불(塔佛)조차 세월의 흐름에 형상을 잃고 원래의 모습인 바위로 돌아가고 있지 않은가.

그러나 그 형상은 비록 낡고 낡았지만 정신만은 쩡쩡하게 살아있어 많은 이들에게 흠모의 대상이 되고 있다. 특히 문화예술계의 필수 답사 코스로 부각되면서 운주사를 주제로 한 문학작품이 봇물을 이루며 메마른 사회에 따듯한 훈김을 불어넣고 있다. 아마도 운주사 석불이 꿈꾸는 미륵세상이 문화예술의 힘으로 열릴 것 같다는 생각이 든다. 그 많은 작품들 가운데 정호승 시인의 〈내 인생의 스승 운주사〉라는 글을 소개하는 것으로 화순 운주사가 우리들의 삶을 얼마나 따듯하고 윤택하게 해주는가에 대한 설명을 대신하고자 한다.

- 겨울 운주사를 다녀왔다. 새해에 내 인생의 스승을 찾아뵙고 엎드려 절을 올리고 싶어서였다. 누군가에게 엎드려 절을 올린다는 것은 진정 나를 찾을 수 있는 좋은 기회이므로 연초에 그런 시간을 갖고 싶어서였다. 그러나 선뜻 누구를 찾아뵙긴 어려웠다. 찾아뵙고 싶은 분들은 대부분 세상을 떠나서서 그 대신 운주사 석불을 찾아뵙고 절을 올렸다.

그동안 몇 번 운주사를 찾아갔지만 눈 내린 겨울 운주사를 찾은 건 처음이다. 석불들은 찬바람에 말없이 눈을 감고 고요히 서 있거나 앉아 있었다. 어떤 석불은 눈이 채 녹지 않아 머리에 흰 고깔을 쓰고 있는 것 같았고, 칠성바위 위쪽에 계신 와불은 가슴께에 눈이 조금 남아있어 마치 흰 누비이불을 덮고 있는 것 같았다. 석불들은 내가 절을 올리자 두 팔을 벌리고 나를 꼭 껴안아 주었다. 어릴 때 엄마 품에 안겼을 때처럼 아늑하고 포근했다. 지난 한 해 동안 고통과 상처로 얼어붙었던 내 가슴이 이내 따스해졌다. 다시 한 해를 살아갈 힘과 용기가 솟았다.

　운주사에 가면 다들 마음이 편하다고 한다. 나도 그렇다. 마치 부모 형제를 찾아뵌 것 같다. 일주문을 지나자마자 오른쪽 석벽에 비스듬히 기대 서 있거나 앉아있는 석불들을 보면 마치 오랫동안 집 떠난 나를 기다리고 있는 다정한 식구들 같다. "왜 이제 오느냐, 그동안 어디 아프지는 않았느냐" 하고 저마다 말을 걸어오는 것 같다. 사가지고 간 만두나 찐빵이라도 내어놓으면 당장이라도 둘러앉아 다들 맛있게 웃으면서 먹을 듯하다.

　그런데 그들을 가만히 쳐다보고 있으면 하나같이 못생겨서 오히려 더 반가운 생각이 든다. 그들은 대부분 코가 길고 이마 쪽으로 눈이 올라붙은 비대칭 얼굴인데다 거의 다 뭉개졌다. 오랜 세월 만신창이가 된 탓인지 이목구비를 제대로 갖춘 이를 찾아보기 힘들다. 평소 내가 참 못생겼다고 생각되는데 이들을 보면 그런 생각이 싹 달아난다. 그래서

그들을 볼 때마다 부처님을 뵙는다기 보다 골목에서 마주친 이웃을 만
난다는 생각이 들어 더욱 정이 간다. 어떤 부처님은 너무 위압적이어서
공연히 주눅들 때가 있지만 이들은 그렇지 않다. 경주 석굴암 대불이
당대의 영웅이나 권력자를 위한 석불이라면 이들은 민초들을 위한 석
불이다. 나를 위로해 주는 존재는 그런 영웅적 존재가 아니라 운주사
석불 같은 평범한 존재다.

그들은 항상 겸손의 자세를 가르쳐준다. 가슴께로 다소곳이 올려놓

은 그들의 손은 겸손하게 기도하는 손이다. 부처는 인간으로부터 기도의 대상이 되는 존재인데 그들은 오히려 인간을 위해 기도하고 있다. 인간사회의 사랑과 평화를 염원하는, 이 얼마나 이타적 삶의 겸손인가.

운주사 석불 중에 눈을 뜨고 있는 이를 찾긴 힘들다. 다들 눈을 감고 있다. 눈을 감고 양손을 무릎 아래로 손바닥이 보이게 내려놓고 있는 자세는 무엇 하나 소유하지 않고자 하는, 나보다 남을 더 생각하고자 하는 염원이 담긴 자세다. 눈을 감으면 비로소 남이 보인다. 내가 보인다하더라도 남을 위한 존재인 내가 보인다. 그동안 나는 나를 위해 항상 눈을 뜨고 다녔다. 눈에 보이는 모든 존재는 다 나를 위한 존재였다. 이 얼마나 오만하고 이기적인 삶인가. 지난 여름엔 매미가 너무 시끄럽게 운다고도 싫어하지 않았는가. 매미는 자신의 삶을 열심히 사는 것인데 나는 매미만큼이라도 열심히 산 적이 있는가.

20여 년 전, 운주사를 처음 찾았을 때 와불을 찾아가는 산길 처마바위 밑에 있는 한 석불을 보고 나는 그만 숨이 딱 멎는 듯 했다. 마모될 대로 마모된 얼굴로 눈을 감은 채 영원을 바라보며 모든 것을 버린 듯 고요히 앉아있는 석불의 모습에 울컥 울음이 치솟았다. 고통의 절정에서도 고요와 평온을 유지하고 있는 석불의 모습에서 내가 지향해야 할 삶의 자세를 발견했기 때문이었을 것이다. 그날 나는 오랫동안 그 석불 앞에 울며 서 있었다. 그러자 석불이 고요하고 낮은 소리로 내게 말했다.

"울지 마라, 괜찮다. 나를 봐라."

"……"

"손은 빈손으로, 눈은 감고 영원을 향해, 그렇게 살아라."

"네."

나는 울먹이면서 속으로 그렇게 살겠다고 대답했다. 그날 이후 운주사 석불들은 초라한 내 인생의 스승이 돼 주었다.

그날 해질 무렵 천천히 눈을 밟으며 운주사를 막 떠날 때였다. 누가 석불 앞에 조그마한 눈사람을 만들어놓은 게 눈에 띄었다. 만들어놓은 지 며칠 됐는지 눈사람 또한 얼굴이 마모되고 형체도 일그러져 운주사 석불 모습을 그대로 닮아 있었다. 문득 그 눈사람이 나 자신 같았다. 나는 그 눈사람을 가슴에 품고 서울로 돌아왔다. 올 한 해도 운주사 석불 같은 '눈사람 부처'를 가슴에 품고 열심히 살아가리라 생각하면서. -

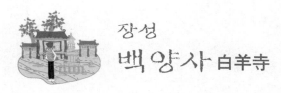

장성
백양사 白羊寺

물 따라 흐르는 꽃을 본다. 무엇도 그대를 구속하기 어려운데 누가 그
대를 어찌 하겠는가. 우화루雨花樓에 앉아 하늘에서 꽃비가 내리는 것을
보며 서옹 큰스님이 잔잔한 우리에게 미소를 보내고 있다.

백양사를 간다. 만산홍엽(滿山紅葉) 내장산을 거슬러 백
양사를 간다. 가을 내장산은 발로 걷는 땅이 아니라 눈으로 걷는 땅이
다. 그래서 단풍철의 내장산은 종일 걸으면 다리보다 눈이 먼저 아프
다. 산도 불타고, 숲도 불타고, 마침내는 불어가는 바람의 꽁무니에도
불이 붙어 삼계가 온통 불덩이다. 그 속에 호남인들의 자부심인 백양사
(白羊寺)가 들어앉아 '산은 내장산이고, 절은 백양사'라는 수식어를 만
들어낸 것이다.

한 지역을 대표하는 명산과 명찰이 함께 어울려 있다는 것은 서로에
게 얼마나 큰 공덕이랴. 내장산이 백양사를 품지 않고도 명산의 자격을
얻었을 것이며, 백양사가 내장산을 기대지 않고도 명찰로 받들어질 수

있겠는가. 그런데도 '내장산 백양사'가 아닌 '백암산 백양사'라고 하는 것은 내장산의 한 봉우리인 '백암산 백학봉'이 대웅전 지붕에 척 걸터앉아 마치 천년 학이 비상하 듯 날개를 펼쳐들고 있기 때문이란다.

백양사는 조계종 8대 총림가운데 하나인 고불총림(古佛叢林) 본산이다. 총림이란 참선 수도처인 선원(禪院)과 경전을 공부하는 강원(講院)과 계율을 공부하는 율원(律院)을 모두 갖추고 있어야 될 수 있다. 이렇게 3원(三院) 체제를 번듯하게 갖춘 사찰에는 많은 스님들이 모여들기 마련이고, 한 곳에 여러 스님이 머무르고 있는 것을 숲에 비유하여 총림(叢林)이라고 하며, 해인사·통도사·송광사·수덕사·백양사 외에 근래에 총림이 된 범어사·동화사·쌍계사가 이에 합당하는 절이다.

백양사는 1947년에 고불총림으로 개창했으나 6.25 전란으로 모두 소실되는 바람에 문을 닫았다가 서옹(西翁)대종사가 주석하면서 복원불사를 일으켜 1996년에 다시 총림으로 승격되었다. 서옹 스님은 효봉, 청담, 고암 스님의 뒤를 이어 조계종 다섯 번째 종정에 추대된 큰스님으로 사월초파일을 공휴일로 지정하게 하였으며, 임제의 맥을 잇는 정통 간화선을 한국불교의 보편적 수행법으로 정착시키는 등 한국불교사에 큰 족적을 남겼다. 또한 천주교와 기독교 등 반목하던 타 종교와 화합의 다리가 됨으로써 불교계뿐 아니라 모든 종교단체의 존경을 받던 탁월한 종교 지도자였다.

　스님이 주도했던 '참사람 결사운동'은 불교대중화를 통해 나누고 서로 하는 자비로운 사회기풍을 선양하기 위한 실천이었으며, 자신에게는 엄격하였으나 남들에게는 자비롭기가 한이 없어서 부처님 같다는 뜻의 '여불(如佛)'이라는 별칭을 얻기도 했다.

　"참사람은 유물(唯物)에도 유심(唯心)에도 무의식(無意識)에도, 하느님에게도 부처님에게도 구속받지 아니하며, 전혀 상(相) 없이 일체상을 현성(現成)하나니, 현성함으로써 현성한 것이나 현성하는 자체에도 걸리지 아니하여 공간적으로는 광대무변한 세계를 형성하고, 시간적으로는 영원 무한한 역사를 창조하는 절대주체의 자각이라는 것이다."

스님이 주창한 '참사람'이란 '스스로 깨닫는 참모습'으로, 먼 옛날 임제선사가 꿈꾸던 무위진인(無位眞人)의 세상을 실천하기 위한 사회운동이었던 것이다. 그래서 스님이 몸소 자비를 실천하며 사회참여에 앞장섰던 것이고, 불교계 처음으로 일반대중에게 절문을 열어 수행할 수 있는 '단기출가 수련회'를 만든 것 또한 그 때문이다, 그런데 그것이 오늘의 '템플스테이'라는 불교문화 체험프로그램으로 정착하여 있는 것이니 서옹 스님의 선견지명이 불교대중화의 길을 연 셈이다.

백양사는 하늘에서 꽃비가 내리는 절이다. 그래서 스님은 절 마당에 우화루(雨花樓)라는 아담한 전각을 지어놓고 방에 들어앉아 시나브로 내리는 꽃비를 내다보며 시상을 떠올리는 삼매경에도 빠져들었던 것이다.

'물 따라 흐르는 꽃을 본다 / 물을 보면 물이 되고, 꽃을 보면 꽃이 되는 / 있다고 해도 있는 것이 아니고 / 없다고 해도 없는 것이 아니다 / 무엇도 그대를 구속하기 어려운데 / 누가 그대를 어찌 하겠는가 / 눈은 보는 것이고 / 귀는 듣는 것이고 / 코는 맡는 것이고 / 발은 움직이는 것 / 이들은 서로 차별하고 경계하는 마음이 없으니 / 결코 흔들림이 없는 것이다.'

서옹 스님의 〈물따라 흐르는 꽃을 본다〉라는 제목의 글이다. 불교계의 정신적 지주이며, 종교화합의 주창자인 서옹 스님의 고고한 정신세계가 물 따라 흐르는 꽃인 것이고, 물을 보면 물이 되고, 꽃을 보면 꽃이 되는 삶, 즉 용서와 나눔으로 누구와도 하나가 되는 삶이었다. 그리고 스님은 "이제는 가야겠다."라는 말을 남기고 입정에 든 것처럼 고요히 좌탈입망(座脫立亡)하였으니 세수 92년, 법랍 72년의 아름다운 여정을 마감했다.

곡성
태안사 泰安寺

보성강을 끼고 태안사로 가는 길은 자갈이 도란거리고 바람이 불면 흙
먼지도 나부낄 줄 아는 고풍의 정취가 그대로 남아있다. 굽이치고 감기
며 물안개를 피워내는 모습은 꽤나 서정적이다.

섬진강과 보성강이 합류하는 두물머리를 만나 더욱 풍
요로워진 강줄기가 굽이굽이 돌아서 강촌의 유정함이 도드라진 곡
성의 끝자락에 닿는 그곳에 오래전 영화롭던 태안사(泰安寺)가 있다.

섬진강은 전라북도의 큰 산인 팔공산에서 발원하여 임실, 순창, 남
원, 구례, 곡성, 광양 등 10여 개의 고을을 휘돌아 남해로 빠져들기까지
213km에 이르는 협곡천(峽谷川)이다. 강바닥을 은모래가 뒤덮었다 하
여 삼한 때에는 '다사강(多沙江)' 또는 '사천(沙川)'으로 불리다가 고려
초에는 '두치강(豆値江)' 이었던 것이 지금의 섬진강(蟾津江)이 되었다.
이곳에 떼를 지어 살던 두꺼비들이 왜구의 침입이 있자 무리를 지어
6km나 되는 곡성의 계곡으로 피난을 갔다하여 지금은 '두꺼비나루(蟾

津)' 로 불리게 되었다고 한다.

곡성은 이처럼 미물도 난을 피해들만큼 깊은 고을이다. 하여 당나라에서 법을 얻어 신라로 돌아오던 길에 이곳 동리산(桐裡山)을 지나던 혜철선사(慧哲禪師)가 '수많은 봉우리와 맑은 강줄기가 깊고 길은 아득하여 세속의 발길이 드물어 고요하니, 승속이 머물며 도를 닦기에는 삼한에서 제일의 승지(僧地)로다.' 하고는 절을 세워 대안사(大安寺)라 했다. 지금의 태안사는 세종의 형인 효령대군이 잠시 승려가 되어 머물면서 국태민안(國泰民安)을 빌었기에, 그 가운데서 '태안(泰安)' 이란 두 글자를 취해 '태안사(泰安寺)' 라 개명하였다고 전해진다.

혜철선사가 구산선문(九山禪門)의 하나인 동리산문을 열고 법회를 열자 설법을 들으려는 인파가 구름처럼 모여들 때 해동제일(海東第一)의 도참승(圖讖僧)으로 명성을 날린 도선(道詵)이 교학(敎學)을 버리고 태안사에 들어와 혜철선사의 제자가 되었다.

혜철선사는 도선이 스물 셋 되던 해 구족계를 내리고 "무설설(無說說) 무법법(無法法)이니 마음을 닦고 번뇌를 털어 부처가 되려하지 말거라. 본래는 네가 부처이니 언제나 너 자신을 돌아보라."는 말과 함께 당나라에서 가지고온 나경(羅經)과 패철(佩鐵)을 주었다. '나경' 은 우주의 삼라만상을 포함한 천지와 인류의 이치를 설파한 경책(經册)이다. '패철' 은 땅의 기운을 파악하여 길한 곳과 흉한 곳을 측정하는 경쇠이니,

도선국사의 〈도참비기(圖讖秘記)〉는 곡성 태안사의 혜철선사로부터 전수받은 것이다.

그 혜철선사의 승탑이 있는 태안사를 간다. 보성강은 큰 강이 아니다. 하지만 굽이치고 감기며 물안개를 피워내는 모습은 꽤나 정서적이다. 그 강을 끼고 도는 태안사 가는 길은 자갈이 도란거리고 바람이 불면 흙먼지도 나부낄 줄 아는 고풍의 정취가 그대로 남아있다. 새소리 물소리가 낭랑한 조붓한 산길을 밟아가다 보면 지붕을 이고 있는 나무다리가 나온다. 이름도 다리가 아닌 능파각(凌波閣), '물위에 떠있는 집'이라는 뜻이다. 이처럼 멋스러운 풍류를 천 년 전부터 즐겼다는 것은 실로 놀라운 일이 아닐 수 없다.

개울 위에 다락을 얹었으니 누각이요
개울 위에 다리를 놓았으니 교량이요
개울 위에 절문을 세웠으니 산문이라
그 누가 동리산 물 위에 봉황의 집을 지었던가.

고려 초기의 문신 임부(任溥)가 지은 찬시(讚詩)가 전해짐으로써 이 묘미로운 유적이 천 년 전부터 있었다는 것을 알 수 있는 것이다. 잔잔하게 흘러가는 냇물처럼 미련도 욕심도 없이 살아가는 것을 '능파(凌

波'라 했으니, 이 다리를 건너는 이들은 세속의 오욕칠정(五慾七情)을 물결에 띄워 보내고 순진무구의 진인(眞人)이 되어 한 세상 무애의 자유를 누리며 살아가라는 뜻일 게다.

구례
화엄사 華嚴寺

해발 1,500m를 넘는 노고단이 화엄사 각황전 지붕을 억누르고 있는데도
전혀 위압감이 느껴지지 않는다. 비로소 여기가 삼계유심 연화장세계
三界唯心蓮華藏世界의 사법계四法界를 설하는 화엄도량임을 깨닫는다.

　　　　　민족의 어머니 산인 지리산은 최고봉인 천왕봉에서 노
고단에 이르기까지 장장 40여Km에 이르는 능선을 따라 해발 1,500m
를 넘나드는 고봉준령이 하늘을 떠받치고 있는 장대한 기둥처럼 늘어
서 있다. 그 봉우리들 가운데 막내격인 삼도봉은 경상남도와 전라남북
도를 가르는 경계로써 드넓은 그림자가 영호남 800리를 뒤덮고 있는
것이다. 그처럼 깊은 산이니 골짜기도 깊어서 더 이상 갈 곳 없는 사람
들이 지리산 골짜기로 흘러들어 화전을 일구고 산나물과 약초를 뜯으
며 살아가기에 '없는 자들의 무릉도원' 이라 했다.

　조선 중엽의 올곧은 선비 남명(南冥) 조식(曺植)선생이 벼슬도 마다하
고 들어와 살던 무릉도원은 천왕봉 기슭의 시천마을이다. 내원사 계곡

을 흘러내리는 물줄기와 거림계곡을 타고 흐르는 물줄기가 만나는 양
단수에 터를 잡고 10년 간을 머물며 학문탐구에 정진했다. 그때 지리산
을 노래한 다수의 글을 남겼는데 덕산서원 기둥에 걸려 있었다는 시 한
편을 소개하면 이렇다.

請看千石鐘　천섬 무게의 큰 종을 보게나
非大扣無聲　크게 두드리지 않으면 소리 내지 않는다네
爭似頭流山　두류산이 그렇지 아니한가
天鳴猶不鳴　하늘이 울어도 울지 않는다네

　지리산의 옛 이름이 두류산이다. 백두산에서 시작하여 지리산에서
매듭을 짓는 한반도의 등뼈 백두대간(白頭大簡)도 시작점인 백두산과
끝점인 두류산의 첫 자를 합쳐 만들어진 명사다. 남명은 자신이 들어
살던 지리산을 왜 '하늘이 울어도 울지 않는 산'이라고 했을까?
　우리 민족이 겪은 역사의 아픔을 고스란히 받아들여 가슴에 품고 있
는 것이 지리산이다. 가까이 조선시대만 거슬러 올라가도 정여립의 난,
이인좌의 난, 이몽학의 난 등 수많은 사화나 역모에 연루되었던 사람들
이 지리산 깊은 골짝으로 숨어들었다가 떼죽음을 당했다. 임진왜란 때
는 왜적과 맞서던 수많은 의병들이 그 의기를 묻었고, 6.25 전쟁 때는 퇴
로를 차단 당한 빨치산이 숨어들었다가 몰사를 당한 곳도 지리산이다.

"부처님이 계신 화엄사나 천은사도 그때는 아비지옥이었지라. 시님이고 뭐시고 간에 지리산에 발바닥 붙이고 사는 사람들은 살아남은 사람이 벨로 없었당께. 빨치산 헌티는 국군 첩자로 몰려죽고, 국군 헌티는 빨치산 부역자로 몰려죽고… 이승과 저승이 한 순간에 왔다갔다 하던 숭악한 세월이었지라."

감당할 수 없는 큰 슬픔을 당하면 눈물도 나지 않는 법, 지리산보다도 더 컸던 비극을 어찌 화엄사의 천근 범종인들 감당할 수 있었을 것인가. 비록 하늘은 울었어도 산에 붙어있는 일체는 숨소리조차 죽여야 했던 것이다. 화엄사는 지리산이라는 큰 산이 터를 내준 만큼 규모가 참으로 웅장하다. 국보 제67호로 지정된 각황전(覺皇殿)만 해도 우리나라의 목조건축물 가운데 가장 웅대한 대불전(大佛殿)이다. 기둥 하나하나도 가히 위압적이다. 요즘 건물의 4~5층 높이나 되는 지붕을 떠받치고 있음에도 이은 자국이 없으니 참으로 장대한 동량(棟樑)이다. 그러니 해발 1,500m를 넘는 노고단이 각황전 지붕을 억누르고 있는데도 전혀 위압감이 느껴지지 않는 것이며, 비로소 여기가 삼계유심 연화장세계(三界唯心蓮華藏世界)의 사법계(四法界)를 설하는 화엄도량임을 알 수 있는 것이다.

그 각황전의 무량의 그늘이 드리운 마당에는 통일신라 때의 연기조사(緣起祖師)가 어머니의 명복을 빌기 위해서 3년 불공을 마친 뒤에 조

성해 세웠다는 4사자삼층석탑(四獅子三層石塔)이 나그네의 발길을 잡는다. 네 마리의 사자가 하나씩 네 귀퉁이를 받치고 있는 것인데 삼층으로 된 탑신은 각 층마다 감실(龕室)이라고 하는 세 개의 빈 방을 두고 있다. 이것은 출가자들이 엄정한 수행을 통해 이루어가는 불가의 삼보(三寶) 즉, 불(佛)·법(法)·승(僧)을 표현하고 있음이다.

특이한 것은 그 석탑에는 연기스님과 그 어머니의 형상이 양각되어 있다는 것이다. 일체의 아상(我相)도 소유하지 않기 위해 출가 후에는 부모형제와의 인연도 끊는다는 사문(沙門)이 불당 안에 어머니의 명복을 빌기 위한 개인의 사적(私績)을 세우고도 모자라 모자의 상까지 새겨 넣은 것을 괴이하게 여기는 이들도 있다. 그러나 어찌 어머니 없는 생명이 있을 수 있으며, 그 어머니를 사모하는 마음마저 없다면 어찌 부처되기를 바랄 수 있겠는가. 오히려 이처럼 효성스러운 마음이 화엄종찰을 자부하는 화엄사로서의 미덕이 되는 것이다.

그래서 불교를 모르는 어느 서양화가는 이 탑을 그리면서 캔버스에 방랑하는 소년이 사자 옆에 잠들어있는 모습을 더 보태 넣었을 것이다. 그 서양인의 영감(靈感)에 떠오른 방랑의 소년이 혹시 하늘이 울어도 울지 않는 지리산을 헤매다 화엄사에 내려와 잠깐 쉬고 있는 선재동자가 아닐까 하는 생각을 하게 한다.

순천
송광사 松廣寺

송광사는 멀리는 보조 스님과 가까이는 구산 스님에 이르기까지 몸소행한 절제가 한결같기에 무상무아無常無我의 진리 또한 변함없이 이어지고 있다. 이곳에 와서 자비심을 일으키지 못한다면 어디에 가서 무거운 업장을 내려놓을 수 있단 말인가.

송광사 가는 길은 숨차지 않다. 평퍼짐한 조계산 언덕을 산책하듯 몇 발짝 들어가면 이 땅의 승보사찰(僧寶寺刹) 송광사는 늙은 송진 냄새가 덕지덕지 붙어있는 얼굴을 반갑게 드러낸다. 이 울창한 천년송이 경내를 뒤덮지 않았다면 중창조 보조국사(普照國師) 이후 조선 초까지 180년 동안에만도 열 여섯이나 되는 국사를 배출했다는 승보의 터전 송광사의 체면은 허전하다는 느낌을 갖게 했을 것이다.

조계총림으로 들어가는 삼청교 밑을 흐르는 냇물에는 바윗돌 하나가 이미 좌탈에 든 구산(九山)대종사께서 떠내려가는 밥알을 건져먹던 그 때의 모습으로 쪼그려 앉아 있다.

옛날에 방장으로 있던 구산 스님께서는 공양간에서 버려진 밥알이나 나물찌꺼기를 바늘로 콕콕 찍어 그릇에 담아가지고 여기 맑은 물에 씻은 다음 남김없이 먹었던 것이고, 이를 본 젊은 수좌들이 아연실색하자 이렇게 호통을 쳤다고 한다.

"곡식 한 알, 나물 한 잎이라도 어디서 어떻게 왔으며, 과연 내가 먹을 자격이 있는가를 늘 살펴야 하거늘 하물며 수도자라는 놈들이 함부로 흘리고 버리니 그 죄를 어찌 다 갚으려 하느냐?"

그 뒤로는 밥알 하나 버리지 않는 발우수행의 전통이 송광사에는 이어지고 있는 것이다. 출가승에게 밥을 먹는 일은 배를 불리거나 맛을 즐기려는 행위가 아니다. 자신의 귀의처인 삼보(三寶) 즉, 불·법·승의 진리를 깨우치고, 사중(四衆) 즉, 나라와 부모와 스승과 시주의 은혜를 감사하며, 삼도(三途) 즉, 지옥과 아귀와 축생의 고통을 구제하기 위한 수단이라고 한다. 안으로는 불법의 진리를 체득하고 밖으로는 모든 중생을 구제하기 위하여 먹는 것이 스님들의 식사 정신인 것이다.

그러므로 불가의 공양 과정은 열 두 번의 경건한 의식 속에 치러진다. 곡식을 기른 땅과 농부의 수고에 감사하는 마음으로 '이 음식은 어디에서 왔으며, 나의 덕행으로 받기가 부끄러우니 마음의 욕심을 버리고 건강을 유지하는 약으로 삼아 진리를 깨닫고자 먹는다.' 라는 지극한 뜻이 있다. 그래서 그릇을 씻은 물 한 방울도 헛되이 버리지 않고 육

도중생 가운데 가장 굶주리는 아귀와도 나누어 마시는 것이다.

스님도 사람인 바에야 어찌 포만의 욕정에 무심할 수 있겠는가. 기름지고 맛난 음식을 상다리가 휘도록 차려놓고 삼락에 빠져보고 싶을 때도 있을 것이다. 하지만 수행자로서 가장 경계해야 하는 것이 탐(貪)·진(瞋)·치(痴)인 것이고, 육식과 오신채(五辛菜)를 멀리하는 음식문화는 그것을 억제하기 위한 최우선의 수행법인 것임에랴.

"아난아, 일체중생은 독한 것을 먹기 때문에 죽나니, 모든 중생이 삼매에 들고자 한다면 마땅히 매운 독을 지닌 오신채를 멀리해야 하느니라. 그것을 날것으로 먹으면 성내는 마음이 생기고, 익혀 먹으면 음란한 마음이 생긴다. 이것을 거스르면 비록 삼매에 든다 하여도 보살과 하늘과 시방의 신선들이 싫어하여 보호해주지 않으므로 마구니가 부처의 몸으로 가장하여 음행, 성냄, 어리석음을 찬양하나니. 아난아, 보리를 닦는 이는 이 다섯 가지 매운 채소를 영원히 끊어야 하며, 그것이 도를 닦는 자의 첫 번째 지켜야할 계율이니라."

《능엄경》이 전하는 부처님의 말씀이다. 절에는 이러한 금계(禁戒)가 있어야 한다. 계율로 금하여 자제하지 않으면 수도처로서의 절은 아무 쓸모가 없다. 부처가 부처이고 법이 법이라고 하나, 스님이 부처가 되지 못하고 그 말과 행동이 법에 미치지 못한다면 여순사건 때 전소되어

흔적도 없었던 절터에 50여 개나 되는 전각과 당우를 다시 세운 수고와 노력은 부질없는 짓이다.

그러나 송광사는 멀리는 보조 스님과 가까이는 구산 스님에 이르기까지 행한 절제가 한결같기에 무상무아(無常無我)의 진리 또한 변함없이 이어지고 있다. 그리하여 여기에서 맑고 엄정한 조계선풍(曹溪禪風)이 일어났고, 오교양종(五敎兩宗)을 어우르는 조계종찰의 명예를 보전하고 있는 것이다. 이러한 절에 와서 자비심을 일으키지 못한다면 어디에 가서 무거운 업장을 내려놓을 수 있단 말인가.

해남
미황사 美黃寺

미황사는 스스로 '아름답다'고 칭하는 오만을 부리는 데도 용서가 된다. 설령 더한 오만을 부린다 해도 용서가 될만큼 경탄컥인 황홀함을 지니고 있다.

미황사(美黃寺)! 사찰 이름에서부터 귀족적인 냄새가 물씬거린다. 근엄하고 장중하되 겸손을 미덕으로 여기는 절이, 그것도 천년고찰이 '아름다울 미(美)' 자를 달고 있다는 것은 스스로를 뽐내는 오만이 아니던가.

스스로 아름다움을 내세우지 않아도 이 땅의 산사가 아름답다는 것은 누구나 다 안다. 그러하기에 설령 아름다움을 과시하고 싶더라도 이렇게 직설적인 표현은 삼가고, 그저 은근하게 한 송이 꽃을 상징하는 '화(華)' 자로 대신하는 것이 보통이다. 그러나 미황사는 그것만으로는 오히려 부족한, 그래서 더한 오만을 부린다 해도 다 용서가 되는 경탄적인 황홀함을 지니고 있는 것이다.

　미황사 경내를 거니는 순례자들의 모습을 보면 행보를 서두르는 이가 하나도 없다. 모두가 숨소리도 조심하는 경건한 성자가 되어 한 걸음 떼고는 멈추고, 또 한 걸음 떼고는 멈춰서 목을 늘여 이곳도 살펴보고 저곳도 기웃대느라 더디기가 한량없다. 아무리 절세미인이라 해도 한 가지 결점은 보이기 마련인데 미황사의 자태는 무엇 하나 허술한 구석이 없다. 끝없이 이어진 돌담을 철저하게 가리고 있는 무진의 담장이 덩굴까지 모두가 일색이니 어찌 발걸음을 재촉할 수 있겠는가. 단청도 하지 않은 대웅보전의 멀건한 모습도 여기서는 정갈하다는 칭송이 될

뿐 그것이 미황사의 결점이라고 지적할 수는 없다. 자태가 예쁘면 허술한 차림을 해도 오히려 세련미로 보는 속정(俗情)이 청엄(淸嚴)한 법계(法界)에서도 통하는 모양이다.

　미황사의 황홀함은 주산인 달마봉(達磨峰)에서부터 비롯된다. 대흥사가 있는 두륜산 자락이 땅끝마을을 향해 남으로 치달리다 한숨을 돌리듯 멈춰선 봉우리 달마산은 해발 500m를 밑돈다. 하지만 마치 삼지창을 늘어놓은 듯 뾰족 뾰족 하게 늘어선 기암절벽이 장장 10km의 능선을 빼곡하게 둘러싸고 있다. 부처님을 사모하는 불자의 눈에는 '만개의 불상' 이 청정도량 미황사를 병풍처럼 둘러싼 듯 보일것이고, 또 어떤 이의 눈에는 한반도의 땅 끝 변방을 지키는 무수한 창검처럼 보이기도 하는 것이다.

그 봉우리에 올라서면 옛날 장보고의 청해진에 속해있던 크고 작은 섬들이 완도와 진도를 중심으로 올망졸망 흩어져서 사나운 파도에 부대끼느라 정신이 없다. 그 앞 바다로 떨어지는 석양이 뿜어내는 황금빛은 일체무아의 해인삼매(海印三昧)에 빠져들게 하는 것이다. 그래서 한 세기 전의 미황사 스님들은 그 '해인삼매'에 빠져들고 싶어서 어부의 거룻배를 빌려 타고 바다에 뛰어들었다가 40명 전원이 울돌목의 사나운 휘돌이에 빨려 들고 말았던 것이다. 어느 시인이 그 때 희생된 스님들을 위로하기 위해 남겨놓은 글이다.

'스님들은 달마산을 떠나 바다로 갔다. 어란에서부터 배는 가뭇없이 흔들린다.

출렁이는 섬, 섬, 섬들.

서역에서 온 스님처럼 가랑잎을 탔다. 사십 개의 몸을 실은 가랑잎.

수십 수백의 섬을 돌고 돌며 경을 외고, 배는 청산도 앞에서 큰 바람을 만났다. 닻을 내리고 스님은 뱃머리에 올라 먼 곳을 본다. 노 젓던 손을 멈춘다.

거대한 파도, 파도, 파도.

마흔 명의 스님들은 경건하게 일어서서 뱃전을 목어처럼 두드린다, 이제 돌아갈 때가 온 것이다. 폭풍 속으로 닻줄을 자르고 스님들은 몸을 던진다.'

아주 오랜 옛날에도 인도에서 출항한 돌배(石舟) 한 척이 그 서남해의 황금파도에 홀려 달마봉의 기암절벽 아래 사자포구(獅子浦口)에 닻을 내린 적이 있었다. 황금을 두른 금인(金人)이 노를 저어 온 배에는《화엄경》80권,《법화경》7권, 비로자나불과 문수보살을 비롯한 40의 성인과 16나한상, 그리고 탱화와 금팔찌와 검은 바위가 실려 있었다. 그 가운데 검은 바위가 저절로 갈라지며 검은 소 한 마리가 걸어 나오더니 순식간에 커다란 황소로 돌변하는 기이한 일이 일어났다.

그날 밤, 배를 저어온 금인이 의조화상의 꿈에 나타나서 "나는 본래 우전국(優塡國:인도) 왕으로, 여러 나라를 두루 다니며 배에 실은 경전과 불상들을 모실 곳을 구하고 있는데, 이곳에 이르러 저 산을 보니 일만불(一萬佛)이 있으므로 여기에 배를 댄 것이다. 경전과 불상을 그대에게 줄 것이니 소에 싣고 가다가 소가 누워 일어나지 않으면 그 자리에 절을 세워 경전과 불상을 봉안하라."고 일렀다. 오늘의 미황사는 그렇게 해서 창건된 명찰로서, 달마산 일대의 절경은 인도의 부처님까지도 이끌릴 만큼 일체무아의 황홀지경을 간직하고 있다.

김천
직지사 直指寺

남한에 속한 백두대간 구간에서 대관령과 더불어 가장 이름 높은 고갯길 추풍령. 과거를 보기 위해 한양으로 가던 유생들도 추풍령을 넘어가면 추풍낙엽처럼 떨어진다는 속설 때문에 청운의 발길을 돌렸지만 지금은 이땅의 고개 가운데 통행량이 가장 많은 제일의 관문이다. 추풍령에서 남쪽방향으로 동국제일가람 직지사가 산자수명한 황악산의 품속에 들어있다.

남한에 속한 백두대간 구간에서 대관령과 더불어 가장 이름 높은 고갯길 추풍령. 흘러간 유행가처럼 구름이나 바람이 쉬어갈 정도의 구곡양장은 되지 못하고, 차를 타고 넘으면 그저 밋밋한 언덕이라는 느낌이 들 뿐이다. 그러한 고개가 한반도 제일의 관문으로 명성을 얻게 된 것은 경부선 철도가 그곳으로 지나면서 부터다. 그 이전에는 추풍령에서 한 발짝 비껴있는 궤방령 보다도 한가한 고개였다. 과거를 보기 위해 한양으로 가던 유생들도 추풍령을 넘어가면 추풍낙엽처럼 떨어진다는 속설 때문에 청운의 발길을 궤방령으로 돌렸던 것이다. 그랬던 것이 경부선 철도에 경부고속도로까지 겹치면서 이 땅의 고개 가운데 통행량이 가장 많은 제일의 관문이 되었다.

추풍령에서 남쪽 방향으로 두어 장만 내려서면 동국제일가람 직지사가 산자수명한 황악산의 품속에 들어있다. 황악산은 이 땅을 요동치는 크고 작은 산줄기의 정 중앙을 차지하고 있는 명산이다. 그래서 오방색 가운데 우주의 중심을 뜻하는 황(黃)을 머리글로 받아 황악산(黃岳山)이 되었다. 지리적으로도 서울과 부산의 중앙지점이며, 충청북도·전라북도·경상북도가 어깨를 맞대고 있는 삼도합지(三道合地)의 경계다. 그 품에 든 직지사 또한 이 나라 불교의 중심사찰 노릇을 해야 하는 것이다.

먼 옛날, 밀양 땅의 어린 소년 유정(惟政)이 저 혼자 먼 길을 걸어와 황악산의 사미가 된 것도 직지사를 한국불교의 중심도량으로 승격시키는 하나의 계기가 된다. 그리고 직지사는 그 소년에게 '사명(四溟)'이란 법호를 내리고, 임진왜란으로부터 만백성을 구제할 위대한 스님으로 양육하였던 것이다. 황악산의 원시림도 사명대사의 웅지를 닮아 울창하기 이를 데 없다. 그렇지 않고는 칡뿌리와 싸리나무를 천년동안이나 숨겨 놓았다가 일주문 기둥으로 바칠 수가 없는 것이다.

전각을 휘돌아 흐르는 계곡물도 차고 맑아 임란 때 원군을 이끌고 온 청나라 장수 이여송이 이곳을 지나다 물맛을 보고는 '시원하기가 중원에서 으뜸인 과하천(過夏泉)과 같다.' 고 감탄했을 정도다. 황악산의 옛 지명이 '금능(金陵)' 이었던 것도 이여송이 얘기한 과하천이 있는 중국의 지명을 그대로 따서 붙인 때문이다. 한때 김천 명주(名酒)로 유명했던 과하주(過夏酒) 역시 이여송이 칭찬한 계곡물로 빚은 술로, 그 맛이 청량하여 왕실 진상품의 하나였다고 한다.

그 감로수가 발원하는 직지사에 들자 한꺼번에 5천명을 모아놓고 법문을 설할 수 있다는 국제불교연수원 건물이 동국제일가람의 위용을 더하고 있다. 그러나 직지사 참배객이라면 사명각(四溟閣)에 봉안된 사명대사의 존안부터 우러르는 것이 직지사에 대한 예우다.

"스승님, 안녕하셨는지요?"

이렇게 인사를 여쭈면 사명당께서는 적적하던 터에 잘되었다는 듯 무량한 얼굴로 나그네를 맞아주신다.

"오, 자네 왔는가? 그간 어찌 지냈는고?"

"변화무쌍한 세상을 살다보니 얻는 것도 없이 바쁘기만 합니다요."

"허어, 세상이 바쁘다고 같이 바쁘면 되겠는가? 바쁠수록 천천히 사는 법을 배워야지."

"천천히 살다가는 살아남기가 어려운걸요."

"쯧쯧, 중생의 어리석음이 여전하구나."

"스승님께서는 사람을 미물이라 하시면서 어찌 어리석음만 나무라는지요?"

"직지인심견성성불(直指人心見性成佛)도 모르는 자가 어찌하여 직지에 들어 귀찮게 하는고?"

사명당의 이런 호통에 맥없이 물러난다면 어느 시절에 미물 신세를

면할 것인가. 얼굴을 더욱 바짝 들이밀어야 한다.

"스승님께서는 그 어린 나이에 직지를 알고 입산하셨습니까?"

"나는 겨우 일곱에 조실부모하여 무척이나 외롭고 슬픈 존재였느니라. 내 머릿속에는 온통 '사람은 왜 슬프고 아프고 외로워야 하는가?' 하는 불평뿐이었다네. 내가 출가하기로 결심한 것은 그 견디지 못할 고통으로부터의 탈출이었던 게야."

"그래서 탈출에 성공하셨습니까?"

"직지인심이란 슬픔이나 기쁨이나 그 무엇도 나의 본성이 아님을 깨달아가는 것이다. 그것을 깨달으면 슬프다거나 괴롭다거나 불행하다는 생각이 없어지는 것이야. 알겠느냐?"

"....?"

"마음을 쉬어라. 흐르는 시냇물도 쉬어갈 때가 있느니. 마음을 쉰다는 것은 애착을 버린다는 뜻이다. 애착을 버리지 않으면 제 스스로의 주인노릇도 할 수 없느니, 주인도 없는 몸뚱이가 무슨 일을 하겠는고?"

이쯤에서 하직 인사를 올려야 한다. 마당에 나와 별이 총총한 밤하늘을 올려보니 문득 내가 외롭다는 생각이 든다. 나는 지금껏 나의 주인이 되지 못하고 객으로 빌붙어 살았다는 고적감에서다.

김천
청암사 靑巖寺

청암사는 말사인 수도암을 타고 흐르는 계곡이 너무 맑아서 바닥돌이
파랗게 보인다 하여 붙여진 이름이다. 일대가 보호수림이니 숲이 울창
하다. 숲이 울창하니 계곡 또한 맑은 것은 당연지사다.

비구니 승가대학과 강원을 가지고 있는 김천의 불령산
(佛靈山) 청암사(靑巖寺)는 여인들에 의해 다져진 여인들의 터다. 사찰의
내력 또한 여인들과의 인연이 많이 얽혀있는데 그 시작은 조선 제19대
임금인 숙종의 계비(繼妃) 인현왕후(仁顯王后)로부터 시작된다.

숙종의 정비인 인경왕후(仁敬王后)가 죽고 그 뒤를 이은 이가 인현왕
후(仁顯王后)다. 그러나 왕손을 생산할 수없는 불임여성이었다. 숙종은
후사를 이어주지 못하는 왕후를 멀리하다가 궁녀 장옥정에게서 왕자
를 얻었다. 숙종의 사랑이 옥정에게 쏠리자 그녀를 옹호하던 서인들이
벌떼처럼 일어나 인현왕후의 폐위를 주청했다. 남인에게 권력을 빼앗
긴 서인들이 옥정을 이용하여 집권을 하겠다는 속셈이었다. 그러자 숙

종은 그를 받아들여 인현왕후를 중전에서 폐위하고 서인(庶人)으로 강등시켜 궁에서 쫓아냈던 것이다.

인현왕후가 이곳 청암사와 인연을 맺은 동기다. 지아비에게 버림받고 왕비에서 서인이 된 그녀에게 어찌 한이 없겠는가. 청암사에 원당(願堂)을 짓고 머리 기른 비구니가 되어 불경을 외우며 세월을 보냈다. 피를 토해도 모자랄 커다란 한을 내려놓기 위한 몸부림이었던 것이다. 그러기를 다섯 해 만에 다시 중전으로 복위되자 그 은덕이 청암사에서 기도한 영험이라고 생각한 인현왕후는 그 영험성을 보호해주기 위해 불령산 일대의 산림을 나라에서 보호해주도록 힘 써줬다.

그러자 청암사가 폐위되었던 왕비도 복위시킬 만큼 영험한 절이라는 소문이 궁궐에 퍼졌다. 이에 상궁을 비롯한 궁인들이 각자의 소원을 빌기 위해 청암사로 몰려들었고, 그 발길은 조선이 망할 때까지 끊이지 않았다. 절이 불타면 상궁 중에 누군가가 복원불사에 필요한 경비를 시주하여 다시 세우기를 거듭했다. 청암사 경내에 있는 상궁의 공덕비 두 기가 그것으로, 절의 중건을 도운 상궁들의 공덕을 기리기 위해 세워놓은 것이다.

인현왕후가 자신의 원당으로 세웠다는 보광전(寶光殿)에는 이 땅의 불상으로는 희귀한 42수 천수관음보살(四十二手觀音菩薩)이 봉안되어 있어 순례자의 호기심을 자극하고 있다. 이는 자비로운 관음보살이 천 개의 손으로 중생을 보살피며 자비를 베푼다는 천수관음보살의 축소형으로, 인현왕후가 청암사에 베풀어준 공덕을 기리기 위하여 나무로 다듬고 개금하여 봉안한 목조불상이다.

청암사는 말사인 수도암을 타고 흐르는 계곡이 너무 맑아서 바닥돌이 파랗게 보인다 하여 붙여진 이름이다. 일대가 보호수림이니 숲이 울창하다. 숲이 울창하니 계곡 또한 맑은 것은 당연지사다. 그리고 계곡을 빈틈없이 메우고 있는 기암절벽이 선경지세(仙景地勢)을 이루는 것

이다. 이에 조선 중엽의 유학자 한강(寒岡) 정구(鄭逑) 선생이 '무흘구곡(武屹九曲)'이라 이름을 지어줬다. 김천의 수도산에서 발원한 계곡이 35km나 되는 장곡(長谷)을 이루며 성주군 수륜면에 닿을 때까지 아홉 번을 크게 꺾인다. 그런데 꺾이면서 내는 소리가 제각각으로 마치 아홉 가지 노래를 부르는 것 같다하여 구곡(九曲)인 것이다.

　조선 중엽의 대표적 유학자인 정구선생의 풍류는 무흘구곡의 한 구비마다 시를 지어 바칠 정도였다. 이는 물소리가 내는 가락에 호응하는 가사인 셈이다. 그 중에 가장 상류인 수도암 옆을 흐르는 아홉 번째 구비를 찬양한 시를 보면 청암사의 자연환경이 얼마나 아름다운가를 가히 짐작할 수 있는 것이다.

　아홉 구비 머리 돌이켜 다시 감탄 하지만
　내 마음은 산천만 좋아하는 것이 아니라네
　근원을 말하기조차 어려운 오묘함이 있는데
　이곳을 두고 어찌 별천지를 묻겠는가.

　줄문장에 줄풍류였던 정구선생마저 감히 설명할 수 없는 오묘한 풍광이기에 더는 어쩌지 못하고 막연하게 '별천지'라는 말로 매듭을 지을 수밖에 없는 절경인 것이다.

대구
동화사 桐華寺

영남사람들은 '팔공산 끌짝기에 뒹구는 돌멩이도 부처 아닌 게 없다'고
할 만큼 팔공산에 대한 신심이 깊다. 머리만 아파도 어머니 품에 안기
듯 쪼르르 달려가 이마를 짚어달라고 어리광을 부리고, 하다못해 운전
면허 시험을 보더라도 팔공산을 향해 머리를 조아리는 것이다.

팔공총림(八公叢林) 동화사가 자리한 팔공산은 경상북도
내륙지방인 대구·영천·경산·군위·칠곡 등 다섯 개의 시군을 품고
있는 웅걸한 분지 산이다. 대구를 비롯한 영남지방의 진산으로 중악(中
岳)·부악(父岳)·공산(公山)·동수산(棟數山)으로 불리기도 했다. 그러
던 것을 고려 태조 왕건이 팔공산(八公山)으로 고쳤다고 한다. 후백제의
견훤과 이곳에서 일전을 겨루다가 신숭겸(申崇謙)을 비롯한 여덟 명의
장수를 잃고 대패했는데, 삼한을 평정한 뒤 공산 전투에서 죽은 여덟
장수의 충혼을 기리는 뜻에서 팔공산으로 부르도록 했다는 것이다. 이
곳에는 왕건과 관련된 흔적과 지명이 많이 남아 있는 것을 볼 때 그 이
야기가 정설인 것 같다.

일대는 울창한 원시림을 뚫고 일어선 기암괴석이 불끈불끈 솟아있고, 그 사이사이를 보석처럼 반짝이는 계곡물이 갈래갈래 흘러내리며 신령스러움을 확장시켜주는 것이다. 주봉인 비로봉에서 좌우로 뻗어내린 동봉과 서봉은 그 형세가 마치 하늘을 나는 독수리의 힘찬 기상을 닮아서인지 김유신을 비롯한 신라 화랑들이 심신을 단련하는 수련장이기도 했다. 또한 〈삼국유사〉를 편찬한 일연스님이 낳고 자란 곳이기도 하다.

그 동봉에 올라서면 팔공의 산줄기가 한눈에 들어오고 줄기 줄기에 감춰진 영남불교의 찬란한 서기가 영롱한 자태를 드러내는 팔공은 말 그대로 이 시대의 불국토다. 바위마다 불상이 새겨져 있고, 골짝마다 들어찬 법당의 수가 얼마나 되는지 목탁소리가 난분분하여 대체 어느 쪽에서 나는 소리인지를 분간하기 어려운 것이다.

그러나 '팔공산이 있어 동화사가 깊어졌고, 동화사가 있기에 비로소 팔공산이 완성되었다.' 는 말처럼 팔공불계(八公佛界)의 수사찰은 동화사가 틀림없다. 이 땅에 불교가 들어오면서부터 팔공산은 신라불교의 원찰지로 존숭받으며 신라 불교문화를 찬란히 꽃피웠다. 그 기운은 고려로 이어져 나라와 왕실의 평안과 번성의 염원을 담은 《초조대장경(初雕大藏經)》이 여기에서 판각되어 동화사에 봉안되었던 것이다.

동화사는 그 입구부터 범상치 않은 보물이 일주문을 지키고 있다. 보물 제243호인 마애불좌상이 일주문 오른쪽 암벽에 기대 앉아 절에 들

고 나는 객들을 환영하고 환송하는 것이 이채롭다. 이 마애불은 구름 위에 활짝 피어있는 연꽃 문양의 대좌에 앉아있는 형상인데 이 땅의 마애불 가운데 가장 정교한 아름다움을 갖춘 소중한 불교문화유산이다.

동화사는 국보급 문화재를 여러 점 간수하고 있지만 1992년에 조성된 약사여래불의 위엄은 세계 최대규모를 자랑한다. 오르기도 까마득한 계단을 축성하고 그 위에 13m나 되는 좌대를 포함하여 총고 33m, 둘레 16.5m나 되는 거대하고도 웅장한 대불을 조성한 것이다. 그리고 미얀마 정부에서 기증한 석가여래 진신사리 2과를 금동사리함에 넣어 복장하였다. 또한 그 앞에는 2기씩의 석탑과 석등을 세웠는데 석탑의 높이가 17m이고 석등은 7.6m로 이 또한 국내 최대 규모로써 영남대찰 동화사를 더욱 장엄하게 해주고 있는 것이다.

조성한 지 10년이 조금 넘은 약사여래불은 남북통일의 염원을 담고 있다 해서 '통일대불'이라고도 하는 까닭에 북녘에 고향을 두고 온 실향민들이 많이 찾아온다고 한다. 하루빨리 통일의 위업을 이루어달라고 축수하기 위함일 것이다. "대자대비하신 약사여래부처님께 남북통일의 소원을 이루어주십사는 부탁을 드리기 위해 배알하옵니다."라고 중얼거리며 두 손을 모으면 부처님께서는 그들의 아픔을 무어라고 위로해 주실지 궁금하기 짝이 없다.

약사여래는 중생들의 고통과 아픔을 치유해주는 자비로운 부처님이다. 하지만 영험한 약수가 곳곳에서 솟아오르고, 중생들이 원하는 것을 들어주는 소원바위가 즐비한 팔공산 자체가 약사여래다. 이곳 약수는 차고 알싸하고 쏩쓰름한 성질을 갖고 있는데 위장병에 효과가 있다고 알려져 멀리에서도 물통을 들고 오는 사람들이 많다.

영천
은해사 銀海寺

팔공산은 어제 오늘에 이루어진 성지가 아니다. 신라왕조 때부터 나라의 제사를 모시는 중사오악中祀五岳의 하나로 받들어져, 그때부터 지금까지 수많은 사람들의 기도처가 되어 한 해에만도 천만에 가까운 인파가 몰려온다.

미당 서정주 시인은 '나를 키운 건 팔 할이 바람'이라고 한 것처럼 우리를 낳고 길러준 이 땅 역시 팔 할이 산이다. 알프스를 갖고 있어 산의 나라로 군림하는 스위스 보다도 그 면적이 넓다. 그래서 이 땅에 태어난 사람이라면 싫든 좋든 산을 우러르며 그 줄기에 기대어 살아야 했고, 산은 그러한 이 땅의 중생들이 좋아서 무등도 태워주고, 제 몸을 허물어 보금자리도 내어주고, 온갖 먹을 것도 아낌없이 내어주는 과분한 은덕을 베풀어주는 것이다.

하늘의 별보다도 총총하게 박혀있는 이 나라의 산 중에서 영남의 팔공산은 은혜롭기가 으뜸으로 알려져 있다. 그리하여 아득한 삼한 때부터 오늘에 이르기까지 뭇 사람들의 성지로 우러름을 받고 있는 것이니 참으로 복된 산이라 하지 않을 수 없다.

"이곳 팔공산은 어제 오늘에 이루어진 성지가 아닙니다. 신라왕조 때부터 나라의 제사를 모시는 중사오악(中祀五岳)의 하나로 받들어졌지요. 그때부터 지금까지 수많은 사람들의 기도처가 되어 한 해에만도 천만에 가까운 인파가 몰려옵니다."

그저 놀라울 뿐이다. 사람의 영혼은 기도할 때 가장 맑아진다고 한다. 정령(精靈)의 순간이 되기 때문이다. 그리고 그 정령의 간절함에 의

해서 영험이 나타나는 것이고, 사람들의 기도가 쌓이는 만큼 대상물의 신령성도 높아진다는 것이 모든 종교 신앙이 내세우는 공통된 견해다. 기독교의 성지인 겟세마네 동산이나 '십자가의 길' 같은 순례지가 지닌 신령성도 기적을 믿는 수많은 순례객의 기도가 쌓여서 만들어지는 것으로 볼 수 있다.

영남사람들은 '팔공산 골짜기에 뒹구는 돌멩이도 부처 아닌 게 없다' 고 할 만큼 팔공산에 대한 신심이 깊다. 머리만 아파도 어머니 품에 안기듯 쪼르르 달려가 이마를 짚어달라고 어리광을 부리고, 하다못해 운전면허 시험을 보더라도 팔공산을 향해 머리를 조아리는 것이다.

"정말로 소원을 들어주시나요?"

"하모요. 지극정성으로 매달리면 무슨 소원이든 다 들어주는 영험한 분이 팔공산 신령님 아닌교. 영남에서 인물이 많이 나는 것도 다 그 은덕이라 믿는 사람들이 억수로 많심더. 인물도 보통 인물이 아니지예. 장관 정도는 셀 수도 없고, 대통령만 네 분이 나오지 않았십니꺼. 우리나라에서 제일 큰 재벌도 팔공산 품안 사람이고요."

이것이 팔공산에 대한 영남의 믿음이고 자부심이다. 먼 옛날 영남 세력인 신라가 삼한통일의 위업을 이루면서부터 조선조에 이르기까지 정치와 학문의 중심을 차지했던 것이 영남 유림이다. 또한 건국 이후 이 나라의 근·현대사를 좌지우지하고 있는 세력도 영남 출신들이다. 군사정권의 어느 대통령은 그 모친이 팔공산 신령에게 지극정성으로 기도하여 대원(大願)을 이뤘다는 소문이 파다했었다. 그 소문이 퍼지면서 영남이든 호남이든 가리지 않고 전국 방방곡곡의 '팔공산 신도'들이 구름처럼 몰려들어 연간 1천만의 인파가 운집하는 기적의 땅으로 명성을 얻게 된 것이다.

하나의 산중에 두 개의 본사를 두고 있는 것도 팔공산만이 누리는 영화다. 하지만 '뒹구는 돌멩이도 부처 아닌 게 없다.'는 정토(淨土)에서 번듯한 법당에 모셔진 부처만 고집하는 것처럼 싱거운 일은 없다. 그러나 이왕 접어든 길이라면 제10교구 본사인 은해사의 성보박물관에 보관된 추사(秋史) 김정희의 친필편액에 서려있는 힘찬 기운이라도 받아가야 하는 것이다.

이곳에는 추사의 글씨 다섯 점이 편액에 새겨져서 오늘까지 남아있다. 정각에 걸렸을 은해사(銀海寺), 큰 법당인 대웅전(大雄殿), 종각의 보화루(寶華樓), 주지실의 일로향각(一爐香閣), 불광각전의 불광(佛光)이란 글씨 등이 그것이다. 그 글씨를 본 조선후기의 실학자인 박규수는 '기(氣)가 오는 듯, 신(神)이 오는 듯, 바다의 조수가 밀려오는 듯하다.' 며 탄복했다. 또한 인사동에서 간송미술관을 운영하고 있는 최완수는 '무르익을 대로 익어 모두가 허술한 듯한데, 어디에서고 빈틈을 찾을 수가 없다. 둥글둥글 원만한 필획이건만 마치 철근을 구부려놓은 듯한 힘이 있고, 뭉툭뭉툭 아무렇게나 붓을 대고 뗀 것 같은데 기수의 법칙에서 벗어난 곳이 없다. 얼핏 결구에 무관심한 듯하지만 필획의 태세 변화와 공간 배분이 그렇게 절묘할 수 없다.' 고 찬양했던 것이다.

오랜 유배생활의 신고(辛苦)를 겪으면서 불교에 밀착한 추사는 그의 부친이 경상 감사로 있을 때 은해사에 드나들었던 것으로 전해진다. 그곳이 마침 진외고조인 영조의 〈어제수호완문(御題守護完文)〉을 간직하고 있는 인연이 있으므로 여러 점의 현판과 주련글씨를 썼던 것이다. 이 또한 화엄도량 은해사에 내린 팔공산의 은덕이지 않겠는가.

부석사를 일러 '연등을 가장 많이 매단 절'이라고 한다. 부석사에 드는 영주 시내의 길은 은행나무가 좌우로 늘어서 있고, 그 길을 에워싼 들판은 또 온통 사과밭이다. 가을만 되면 빨갛게 익은 사과열매가 연등처럼 매달리고, 노란 은행잎은 불꽃이 되어준다. 그렇게 이어진 70리 연등행렬은 모두 부석사로 향한다.

남한에 속한 백두대간에서 울울하기가 제일인 태백과 소백의 경계를 이룬 양백 지간에 자리한 영주는 가을이면 온통 노란 은행잎과 빨간 사과 열매로 뒤덮여 굳이 불을 밝히지 않아도 환하기 그지없는 빛의 세계로 변한다. 그래서 영주 사람들은 부석사를 일러 '연등을 가장 많이 매단 절'이라고 한다. 부석사에 드는 영주 시내의 길이란 길은 은행나무를 가로수로 하여 좌우로 질서정연하게 도열시켜 놓았다. 그 길을 에워싼 들판은 또 온통 사과밭이다. 가을만 되면 빨갛게 익은 사과 열매가 연등처럼 매달리는 것이고, 노란 은행잎은 불꽃이 되어주는 것이다. 그렇게 이어진 70리 연등행렬은 모두 부석사로 향한다. 그리고 부석사에 이르러서야 비로소 그 장엄한 행렬의 단락을 맺게 되는 것이다.

"내가 조선 땅에 와서 조선의 이름난 사찰과 유물을 다 둘러보았지만 여기 서있는 부석사의 석등처럼 조선인의 모습과 정신세계를 잘 표현하고 있는 예술품은 본 적이 없다. 나라의 보물을 정하는 기준이 민족성을 얼마나 잘 나타내고 있는가 하는 관점에서 순서를 정한다면 나는 이 부석사의 석등이 '조선의 국보 제1호'라고 서슴없이 말할 것이다."

20세기 최고의 철학이자 석학으로 1950년 노벨문학상을 수상한 버트란트 러셀이 한 말이다. 기독교 나라인 영국의 최고 지성으로 〈나는 왜 기독교인이 아닌가〉라는 반기독교 서적을 저술하여 전 세계의 기독교단에 큰 충격을 안겨주었던 그가 일제 강점기에 부석사를 와서 석등을 보고는 "원더풀!"을 연발하며 오랫동안 그 앞을 떠나지 못했던 것이다.

부석사는 의상스님이 당나라에서 들고 온 화엄사상을 펼쳐놓자 십상수삼천문도(十上首三千門徒)가 모여들어 이 땅을 화엄의 꽃으로 수놓은 화엄종(華嚴宗)의 근본도량이다. 의상의 문하로 〈삼국유사〉나 〈고승열전〉에 이름을 올린 대덕(大德)의 수가 10상수를 넘는 것이고, 그들이 배출한 제자가 3천이라 하니 그 엄청난 문도만으로도 부석사의 위엄은 충분한 것이다. 하물며 무슨 자랑을 더 하랴만, 부석사에는 국보 제17

호인 석등, 국보 제18호인 무량수전, 국보 제19호인 조사당, 국보 제45호인 소조여래좌상, 국보 제46호인 조사당벽화를 비롯해서 3층석탑, 석조여래좌상, 당간지주, 원융국사비, 불사리탑, 삼성각, 취현암, 범종루, 안양문, 응향각, 대석단 등 수많은 보물과 성보문화재가 경내를 가득 메우고 있다.

여러 가지 보물 중에서 버트란트 러셀이 지목했던 석등이 1순위를 차지하고 있다는 것은 결코 우연이 아닐 것이지만 그 완벽한 아름다움으로 가는 길 또한 여간 보배로운 길이 아니다. 어느 시인이 '나는 부석사 당간지주 앞에 평생을 앉아 / 그대에게 밥 한 그릇 올리지 못하고 / 눈물 속에 절하나 지었다 부순다.' 라고 노래했을 만큼 정겨운 당간지주 앞에서 시작되는 백팔계단을 하나하나 경건하게 밟아 올라야 하는 것이다.

계단 하나를 밟을 때마다 업장번뇌도 하나씩 소멸된다는 그 만다라의 백팔계단을 다 오르면 어느새 벌거숭이가 된 몸뚱이에서 태고적의 순결한 울음소리가 새어나온다. 일체망상을 털어버린 이 본성의 소리를 듣지 않고는 부석사 안양문(安養門)을 넘어설 자격이 없다. 불가에서 안양문은 극락에 드는 관문이다. 그 것을 백팔계단 끝에 올려놓은 까닭도 그곳이 마지막 남아있는 티끌만한 번뇌 망상마저 내려놓는 곳이기 때문이다. 그 만다라의 구품계를 지날 때는 잠시 멈춰 서서 내가 지금껏 걸어온 길을 지긋이 돌아보아야 한다. 누각의 귀틀지붕 밑으로 일파

만파 밀려드는 산봉우리의 물결을 어찌 사바세계의 풍경이라 할 수 있 겠는가. 세상을 희롱하며 천하를 떠돌던 방랑시인 김병연도 이곳에서 는 발을 멈추고 '인간 백세에 몇 번이나 이런 경관을 볼 것인가' 라고 장탄식하며 다음과 같은 찬시 한 수를 남겨놓은 것이다.

江山似畵東南列 그림 같은 강산은 동남으로 벌려있고
天地如萍日夜浮 천지는 부평같이 밤낮으로 떠있구나.

부석사의 주산은 봉황산이나 산세가 평범한 까닭에 '태백산 부석사 (太白山 浮石寺)' 라는 현판을 달고 있다. 신라 문무왕(文武王) 16년(676)에 당나라에서 유학하고 돌아온 의상대사가 동해 낙산사를 세우고 의상 대 벼랑 위에서 삼매에 빠졌다가 해상관음보살을 친견한 직후였다. 그 가 당나라 불교의 큰 스승인 지엄화상(智儼和尙)에게 화엄학을 전수받 고 '칠언송(七言頌)' 을 지어 스승에게 바쳤다. 그를 본 지엄화상은 "나 는 일흔 두개의 해인(海印)을 그렸는데 그대는 한 개의 해인으로 다 하 였노라. 그대의 해인은 총체가 되고 내 해인은 별개가 되었으니 이제 너의 나라로 돌아가서 불지를 펼칠 때가 되었도다."하며 의상을 떠나 보냈다. 그리하여 의상은 부석사를 세우고 불교의 5교10종(五敎十宗)을 다 아우르는 화엄의 세계를 이룩한 것이다.

문경
봉암사 鳳巖寺

나그네의 발자국 소리가 참선을 방해할까봐 곳곳에 출입금지 팻말이 걸려있다. 희양산문曦陽山門 태고선원太古禪院으로 청정한 수좌스님들이 마음의 빗장마저 걸어 잠근 채 전장에 나선 전사들 마냥 처절하게 용맹정진하고 있는 한국불교 최고의 수행처다.

— 일체중생이 번뇌의 틀에서 벗어날 기약이 없으니 출가인은 분발하여 사람마다 본래 구족한 불성을 바로 보아 사람과 천상이 스승됨이라. 이곳은 그와 같은 스님들이 수행하는 청정도량이므로 현명하신 여러분께서는 양지하시고 출입을 삼가 주시기 바랍니다. —

사월초파일을 제외하고는 일 년 내내 닫혀있는 산문(山門)인데도 혹여 길을 잘못 든 나그네의 발자국 소리가 참선을 방해할까봐 곳곳에 출입금지 팻말을 걸어놓은 봉암사! 희양산문(曦陽山門) 태고선원(太古禪院)으로 청정한 일백여 수좌스님들이 마음의 빗장마저 걸어 잠근 채 마치 전장에 나선 전사들 마냥 처절하게 용맹정진하고 있는 한국불교 최고의 수행처다.

숨겨놓은 물건은 더욱 보고 싶듯 이처럼 꼭꼭 숨겨진 절이라서 더욱 가보고 싶은 것이 세속의 마음이다. 그러나 봉암사는 그곳에서 수행하는 스님들조차 출입을 철저히 통제하고 있다.

"사찰은 수행의 공간인 동시에 부처님에 대한 예경(禮敬)의 공간이며 중생교화의 공간이기도 하다. 그렇기 때문에 상징적인 의미로라도 봉암사 같은 도량은 불교뿐만 아니라 한국사회의 건강을 위해서도 꼭 필요하다."

서암(西庵) 큰스님의 말씀대로 봉암사 같은 청정도량이 하나쯤 존재하는 것만으로도 행복하다는 위안을 받을 수 있는 것이다.

봉암사는 백두대간의 배꼽에 해당하는 높이 998m의 거대한 맥반석의 바위산으로, 서쪽에서 시작하여 동쪽으로 흘러가는 서출동류(西出東流)의 30리 계곡을 끼고 있는 천하의 길지에 봉황처럼 깃들어있다.

'문경에 사는 심충이란 사람이 지증국사에게 희양산 기슭 자신의 땅을 바치며 가람 세우기를 간절히 청하자 대사가 따라가서 지세를 살펴보았다. 사방을 병풍처럼 둘러싼 산세는 마치 큰 봉황이 구름을 흔들며 날아오르는 듯 하고, 백겹으로 굽이치는 물은 뿔 없는 용이 허리를 돌에 걸쳐 누운 듯 했다. 이에 스님이 감탄하고 '이 땅을 얻었다는 것은 어찌 하늘의 뜻이 아니겠느냐. 만약에 이곳이 승속의 거처가 되지 않으면 아마도 도적의 소굴이 되어 사방 백리에 두루 해(害)가 미칠 것이

다.' 했다는 〈창건기(創建記)〉를 읽지 않고서는 봉암사의 신령성을 감히
짐작할 수가 없는 것이다.

　《도덕경(道德經)》에 이르기를 '사람은 땅을 본받는다.' 는 말이 있다.
땅기운이 순하면 그 땅에 얹혀사는
사람도 순하고, 땅이 기름지면 사람의
마음도 기름져서 후덕한 인심을 나누며
살게 되는 것이다.
또한 희양산처럼 땅기운이
성한 곳에 사는 사람은
그 생기가 강건하기 마련이다.
불가의 수행생활은 인간의
한계를 넘는 치열성과
비장감이 있다. 밥 먹는
시간마저 수행을
게으르게 한다고
하루 한 끼니의 공양만
고집하는 스님이 있는가하면,
성철스님은 무려 10년
이라는 긴 세월 동안 한

시도 눕지 않고 벽에 기대는 일 조차 없었던 것이다. 봉암사의 수행법도 치열하기 이를 데 없다.

하루에 죽 한 그릇을 먹을 시간이 아까워 생쌀 한 줌에 솔잎 몇 개를 씹으며 참선을 그치지 않는 스님도 있다는데, 그러한 스님들은 허기진 육신을 순전히 그곳의 땅기운으로 버텨낸다고 한다.

희양산은 전체가 한 덩어리의 거대한 맥반석으로 이루어져 있다. 그런데도 숲이 울창하고 생태계의 건강성이 환경지표 가운데 으뜸이라고 한다. 이처럼 땅기운이 좋으니 그 속에 들어 사는 사람이나 짐승이나 풀뿌리까지 강건한 생기를 유지할 수 있는 것이다.

본전 앞을 흐르는 봉암계곡을 타고 조금 올라가면 금강산 만폭동에 견줄만하다는 백운대(白雲臺)가 나타난다. 한꺼번에 500명 정도의 궁둥짝은 실히 받아낼 만한 넓이의 웅장한 너럭바위다. 그 중심에 서있는 병풍바위에는 고려시대에 조성된 마애불상이 양각되어 있고, 한쪽 귀퉁이에 신라의 대문장 고운(孤雲) 최치원이 우람하게 대갈해 놓은 '白雲臺' 석자가 천년 적막에 겨운 듯 용틀임을 하고 있다. 그 너럭바위를 나무공이로 두드리면 품새 좋은 노승의 독경소리보다 더욱 청아한 목탁소리가 만산에 울려 퍼지는 것이 신비롭기 그지없다.

그러나 희양산 봉암사는 이러한 신비성 보다 '봉암결사(鳳岩結社)'라고 하는 전설 같은 이야기의 산실임을 더 자랑스럽게 여긴다. 이 나라를 36년간이나 지배하며 국부(國富)를 수탈한 일제는 민족혼까지 말살

할 목적으로 한국불교 정신을 타락시키는 만행을 서슴지 않았다. 그 결과 절이란 절은 왜승(倭僧)의 장삼과 가사를 걸친 대처승이 차지한 채 일본불교의 세속적인 타락상을 유습하기에 바빴던 것이다. 그때 한국불교의 정통성을 지키며 대처승을 거부한 비구가 전체 승속의 5%밖에 되지 않았다는 통계는 한국불교가 얼마나 타락했었는 지를 알 수 있는 지표가 되고 있다. '봉암결사'는 이에 분개한 꼿꼿한 수좌들이 일으킨 한국불교사의 가장 위대한 정화운동이다.

광복 직후인 1947년 성철스님을 비롯하여 청담, 향곡, 월산, 자운, 도우, 보경, 혜암, 법전, 성수, 의현, 지관 등 장차 한국불교의 동량이 되는 젊은 수좌들이 봉암사에 모여 일본불교의 잔재를 청산하고 한국불교 정신을 복원할 청규를 만들고 이를 실천하기 위해 목숨을 던지겠다는 결의를 하기에 이른다.

1. 삼엄한 부처님 계법과 숭고한 조사들의 가르침을 힘써 수행하여 깨달음을 성취한다.

2. 여하한 사상과 제도를 막론하고 불조의 교칙 이외의 사견은 일체 배제한다.

3. 수행생활에 필요한 모든 것은 자급자족을 원칙으로, 나무하고 물 긷고, 농사짓고 탁발하는 등 어떠한 고역도 불사한다.

4. 잠을 자거나 일을 할 때를 제외하고는 항상 검붉은 색의 오조

가사를 입는다.

5. 매일 두 시간 이상의 노동을 한다.

6. 초하루와 보름마다 대중들에게 참회하는 보살대계를 읽고 외운다.

7. 공양은 정오가 넘으면 할 수 없으며, 아침은 죽으로 하되 하루 한 끼니를 넘지 못한다.

8. 선방에서는 언제나 면벽수행하고 잡담을 금한다.

9. 정해진 시간 외에는 눕거나 잠을 잘 수 없다.

10. 이러한 규약을 지킬 수 없는 자와는 함께 살 수 없다.

일체의 이익이나 편함을 배제하고 오로지 '부처님의 법대로' 살아가는 서릿발 같은 공주규약(共住規約)을 제정하여 새로운 수행기풍을 세운 것이다. 오늘날 출가자의 기본법도로 지켜지고 있는 '백장청규(百丈淸規:일하지 않으면 먹지도 않는다)'도 봉암결사의 산물이다.

아침에는 죽을 먹고 오후에는 허기를 때울 정도의 간식만 허용된다. 방에 들면 면벽수행의 정진만 있을 뿐, 자거나 눕거나 이야기하는 것조차 금하고 있다. 이처럼 혹독한 청규를 지킬 수 없는 사람은 봉암사를 떠나야 하는 전통이 이어지고 있다. 그리고 이러한 봉암사의 선풍(禪風)은 현대 한국불교의 신화적 존재로서 마침내 조계종 특별수도원으로 지정되었고, 아무나 범접할 수 없는 성역으로 받들어지고 있는 것이다.

청도
운문사 雲門寺

전각을 덮은 기왓장마저 먼지 한 톨 쌓이지 않고 반들거리는 청결성은 운문사의 수행법이 얼마나 청정한가를 보여주기에 충분하다. 댓돌 밑에 나란히 줄을 맞춰 쉬고 있는 하얀 고무신도 그렇고, 마당의 나무 한 그루 풀꽃 한 포기까지 제가 꼭 있어야 할 자리를 찾아가 있는 것이 참으로 정갈해 보인다.

청도 운문사로 가는 여정은 너무나 청정하고 아늑해서 혼자서는 외로운 길이다. 동대구에서 운문사로 곧장 내닫는 직통도로 가 오래 전에 뚫렸지만 그 길로 들어서면 청도의 푸른 땅기운을 제대로 받을 수 없다. '청도' 운문사라 했으니 대구를 지나 청도까지 가서 길을 묻는 것이 좋다. 청도는 소싸움으로도 유명하지만 산이 푸르고, 물이 푸르고, 사람들의 인심까지 푸르다 해서 삼청(三淸)의 고장으로 불리는 곳이다. 길바닥에 떨어진 물건도 내 것이 아니면 줍지 않는다 는 도불습유(道不拾遺)의 도덕적 관념이 청도 사람들의 몸에는 아직도 흐르고 있는 것이다.

그처럼 맑은 고장 청도에서 잠깐 내려 쇠전거리 좌판에 걸터앉아 장

국말이 국수 한 양푼 들이켜고 나서 운문사 가는 길을 물으면 늙은 주모의 손가락 끝에 걸리는 봉우리가 곰재다. 양의 내장처럼 구불구불한 구곡양장을 넘으면 또 나타나는 계일산 허리를 끌어안고 한참을 들어가면 탁 트인 저수지를 만나는데, 대천리 마을이다. 그 이름이 암시하듯 큰 내가 늘어져 있고, 지금까지 달려온 길과 헤어져서 그 운문사 십리계곡을 따라 들어가면 한국제일의 비구니강원 운문사가 뽀얀 얼굴을 드러내는 것이다.

먼 신라 시대에 원광국사가 '화랑오계(花郎五戒)'의 전법을 세운 곳이고, 고려 시대에는 일연 스님이 주지로 주석하며 민족문화의 꽃인 〈삼국유사〉를 집필했던 유서 깊은 사찰이다. 그 학풍이 오늘에까지 이어져 강원(講院)에는 늘 학인들의 경송(經頌)이 끊이지를 않는다. 또한 유홍준 교수가 그의 책 〈나의 문화유산답사기〉에 적어놓기를 '운문사 여승들의 새벽예불 의식이야말로 가톨릭의 그레고리 찬트에 비견될 만큼 장엄하다'고 했으니 청정한 가풍은 오래도록 전래되어 오는 것이다.

그러나 어찌 새벽예불만 장엄하랴. 저녁예불을 마친 학인들의 안행의식(雁行儀式) 또한 말 그대로 하늘을 날아가는 기러기의 행렬처럼 질서정연하게 줄을 지어 마당을 도는 일종의 탑돌이 의식인데, 여승의 파르라니 깎은 머리 때문인지 그 장엄무진의 행렬이 오히려 애틋해서 나그네의 코를 찡하게 만든다.

베드로의 산사탐방

전각을 덮은 기왓장마저 먼지 한 톨 쌓이지 않고 반들거리는 청결성은 운문사의 수행법이 얼마나 청정한가를 보여주기에 충분하다. 댓돌 밑에 나란히 줄을 맞춰 쉬고 있는 하얀 고무신도 그렇고, 마당의 나무 한 그루 풀꽃 한 포기까지 제가 꼭 있어야 할 자리를 찾아가 있는 것이 참으로 정갈해 보인다. 아침저녁으로 그것들을 매만지고 있는 젊은 비구니 스님들의 손톱 또한 얼마나 곱고 단정하겠는가.

이처럼 청정한 가풍은 아마도 운문산을 빼곡하게 덮고 있는 노송들이 내뿜는 푸르디푸른 빛깔이 수행자의 핏줄 속으로 침투하여 들었기 때문일 것이다. 이러한 운문사 강원에서 후학들을 지도하던 강사 가운데 묘엄(妙嚴) 스님의 이야기를 빼놓을 수 없다.

그는 청담(靑潭)대종사의 딸이다. 청담스님이 출가한지 십 수 해만에 그의 고향인 진주에 설법을 하러 가서 그곳 의곡사에서 하룻밤을 자고 있을 때, 고향집을 지키고 있던 청담 스님의 어머니가 부엌칼을 들고 와서 자는 아들을 깨웠다.

"너는 스님이기 전에 내 아들이다. 너로 하여 가문이 대가 끊기고 문을 닫게 되었으니 오늘 밤으로 집에 가서 네 아내와 동침하지 않는다면 이 자리에서 칼로 내 목을 찔러 죽고 말 것이다. 어미를 죽일 것이냐, 아니면 내 말을 듣겠느냐!"

이런 어머니의 비장한 권유를 어길 수 없어 청담 스님은 그날 밤 파계를 했던 것이고, 다시 깊은 산중으로 들어가 정진하는 사이에 고향에

서는 딸이 태어났다. 그러나 가문의 대를 이을 사내아이를 학수고대하던 청담 스님의 어머니는 "사내가 아니면 필요 없다."고 분통을 터뜨리며 갓난 손녀를 우물 속으로 던져버렸다. 하지만 구사일생으로 살아나 아버지인 청담스님처럼 머리를 깎고 출가자의 길로 들어선 여인의 그가 바로 묘엄 스님이다.

가족과의 인연도 끊어야 하는 것이 불가의 규범이지만 핏줄만은 어찌할 수없는 것인지 치열한 구도행각이 아버지인 청담 스님을 닮아 입산한지 얼마 되지 않아 삼장(三藏)을 독파한 맑은 법안(法眼)의 대강백(代講伯)으로 존경을 받다가 어릴 적의 슬픈 추억도 내려놓고, 일체 번뇌도 내려놓고, 세수 80세의 인생도 내려놓고 영원한 고요에 들었다.

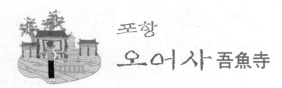

포항
오어사 吾魚寺

그냥 오어라라고 해서는 안된다. 마땅히 '신라 오어사'라고 불러줘야
겨우 예의를 갖출 수 있는 것이다. 자장·혜공·원효·의상이라는 네
분의 조사가 머물며 수행 정진하던 곳이니 여기에서 신라불교의 뼈대와
정신이 성장했으리라.

그냥 오어사라고 해서는 안 된다. 그 앞에는 반드시 '신
라'라는 수식어가 붙어야 한다. 신라불교의 진흥기에 지어진 유구한
절이어서가 아니다. 비록 규모는 작지만 신라불교의 주역인 자장(慈藏),
혜공(惠空), 원효(元曉), 의상(義湘)이라는 네 분의 조사가 머무르며 수행
정진하던 유적이 남아있다. 여기에서 신라불교의 뼈대와 정신이 성장
하였으니 마땅히 '신라 오어사'라고 불러줘야 겨우 예의를 갖출 수 있
는 것이다.

신라 진평왕 때인 창건 당시에는 항사사(恒沙寺)였다. 모래알처럼 많
은 인재가 배출 되는 인걸지령(人傑地靈)의 길지에 들어 앉았다고 해서
붙여진 이름이다. 그랬던 것을 지금의 오어사(吾魚寺)로 바꾼 이들도 원

효와 혜공이라고 하는 신라불교의 대표적 인걸이다. 오어사에 남아있는 그들의 행적을 〈삼국유사〉는 이렇게 적고 있다.

　- 혜공의 아명은 우조였다. 어려서는 남의 집 종살이를 하였으나 온갖 기이한 재주가 이미 드러났으므로 출가하여 스님이 되었는데 이름을 바꾸어 혜공이라 했다. 항상 조그만 절에 살면서 늘 술에 취해 미친 사람처럼 삼태기를 짊어지고 저자에 나가 노래하고 춤추니 '부궤화상(負簣和尙)'이라고 불렸다. 그가 살고 있는 절도 부개사(夫蓋寺)라 했다. '부궤'나 '부개' 모두 삼태기를 이르는 우리말이다.

　혜공은 매번 절의 우물 속으로 들어가 몇 달씩 나오지 않았다. 우물에서 나올 때는 푸른 옷을 입은 신동이 먼저 나왔다. 때문에 절의 스님들은 이것으로 그가 나올 조짐을 알았으며, 나와서도 옷은 젖어있지 않았다. 만년에는 항사사에 옮겨 살았다.

이때 원효가 여러 불경을 풀이하면서 모르는 것이 있을 때마다 혜공에게 가서 묻고, 더러는 농담을 주고받기도 했다. 하루는 혜공과 원효가 냇가로 나가 물고기를 잡아먹는데 원효가 바위에 올라가 똥을 누니 혜공이 이를 가리키며 농을 건넸다. "그대가 싼 똥은 내가 잡아먹은 고기로구나." 그로부터 항사사를 오어사라 했다. 혜공이 말한 대로 '내가 잡아먹은 물고기'라는 뜻이다.-

일연 스님이 그들의 이야기를 〈삼국유사〉에 자세히 적은 까닭은 그 두 스님의 친밀관계를 설명하기 위함이다. 먹기는 혜공이 먹었는데 원효가 대신 똥을 누어줄 정도라면 그들의 관계는 이미 남이 아니다. 심장과 심장이 연결되고, 핏줄과 핏줄이 연결되고, 소화기관과 배뇨기관이 연결되고, 마침내는 정신까지도 하나로 연결된 '합일체'였던 것이

다. 절 이름을 오어사로 바꾼 것도 그들의 합일정신을 기리기 위함이었음은 말할 필요가 없다. 그러한 것이 오랜 세월을 지나면서 여러 가지 설로 어지럽게 가지를 쳤지만 그 또한 혜공과 원효라는 대성(大聖)의 일화가 아니라면 가당키나 한 일인가.

그 오어사를 품고 있는 봉우리가 운제산(雲梯山)이다. '구름사다리'라는 형이상학적 이름을 얻게 된 것은 이곳에서 수행하던 스님들이 계곡에 걸린 구름을 사다리삼아 절벽을 오르내렸던 데서 유래했단다. 설령 수행자들의 신통력이 그에는 미치지 못했다 할지라도 오욕칠정을 끊어버린 구도자의 몸과 마음이 새털처럼 가벼워서 무엇에고 걸림이 없는 대자유인으로 살았음을 그렇게 표현했을 것이다. 그리고 그 표상이 바로 혜공과 원효이지 않은가.

〈삼국유사〉에서 보듯 혜공과 원효는 살생을 금하는 불가의 계율을 어기고 냇가에서 고기를 잡아먹기도 하고, 날마다 술에 취해 미치광이 같은 행동을 하고 다녔다. 그들이 이처럼 계율 따위에 얽매이지 않는 대자유인의 삶을 살아갈 수 있었던 것은 그들의 법력이 이미 불보살의 경지에 이르렀기 때문이기도 하다. 하지만 세속의 밑바닥 인생들을 구제하기 위한 방편으로 그들 스스로가 일부러 가장 세속적인 행동을 하고 다녔던 것이다.

신라불교 초기에는 귀족출신이나 승려가 될 수 있었다. 원효도 상류층의 자제로, 열 살도 되기 전에 그의 영특함이 세상에 알려지면서 출가할 수 있었다. 딱 한 번 예외가 있었다. 노비 출신의 혜공이 출세간의 인연을 맺은 것이다. 어릴 때부터 기이한 신통력을 발휘하여 특별한 대접을 받았던 것인데, 혜공과 원효가 '각설이'의 원조라는 사실을 아는 사람 또한 흔치 않을 것이다.

그들은 상류층만 불교에 귀의할 수 있고 천민들은 사찰 출입마저도 허용되지 않는 현실에 반감을 갖고, 천민들이 많이 모이는 장터에 법석을 차리고 불교를 전파한 최초의 도심 포교사이기도 했다. 그리고 천민과의 거리감을 좁힐 목적으로 거지행색을 한 채 나라 안을 떠돌며 사자후를 토하는 방랑자가 되었던 것이다. 신라의 사람들은 그들을 각설이(覺設利)라고 불렀다. '말씀으로 깨닫게 하여 세상을 이롭게 하는 사람' 이란 뜻이다. 그 각설이판에 사람들이 구름처럼 모여들자 이런저런 장돌뱅이들까지 거지행색을 하고 재담을 늘어놓으면서 스스로를 '각설이'라 칭했던 것이 오늘에까지 이어지고 있는 것이다.

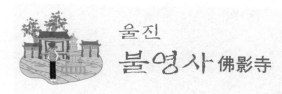

울진
불영사 佛影寺

불영사 새벽예불을 알리는 목탁소리가 울리면 연못 속에 숨어있던 새끼 연잎이 새벽이슬을 받쳐 들기 위해 뽀얀 손바닥을 물결 위로 내민다. 그 어린 새 잎에 동글동글한 이슬방울이 맺히면 달빛도 덩달아 내려앉아 목탁소리에 흔들리는 연잎을 이리저리 굴러다닐 것이다.

　　　　신라 진덕여왕 시절에 이곳을 걸어가던 의상대사가 중국의 명산인 천축산(天竺山)을 옮겨놓은 듯하여 그대로 천축산이라 했다는 불영계곡을 간다. 해가 저무는가 했더니 동편에 치솟은 산봉우리를 비집고 슬며시 달이 오른다.

　처음에는 가느다란 초승달인가 싶던 것이 산그늘을 헤치고 봉우리에 선뜻 올라앉았을 때는 반달이 되어 있었다. 그리고는 이내 불영사의 맑은 연못으로 굴러 떨어지고 마는 것이다. 경승지로 지정된 천축산의 비구니 사찰인 불영사(佛影寺)의 풍경은 그것만으로도 족하다. 달은 원래 둥근 것인데 연못에 빠진 달은 왜 반쪽밖에 되지 않느냐고 불평할 사람은 아무도 없다.

베드로의 산사탐방

순례자는 불영계곡 구불구불한 산길을 돌아드는 동안 우주만물의 본성은 모두가 둥근 것이고, 그것을 바라보는 마음에 따라 형상이 변한다는 것쯤은 깨달을 수 있는 것이다. 그러한 깨달음은 40리 불영계곡을 빼곡하게 메우고 있는 수많은 기암괴석의 오묘한 유혹에 빠져들지 않아야 나를 지킬 수 있다는 절박감에서 비롯되었을 것이다.

의상대, 창옥벽, 산태극, 숫극, 부처바위, 중바위, 거북돌, 소라대 등등 묘하게 생겨먹은 화강암의 군상들이 어쩌다 이곳에 운집하여 마치 기암괴석의 전시장을 방불케 한다. 바라볼수록 빼어난 경승임에 틀림없다. 그래서 이 길을 오가는 중생들에게는 황홀경으로 보이고, 실타래처럼 끝없는 감탄사를 얻어 낸다 해도 출가승의 눈에는 원래부터 하나로 이어진 둥그런 돌덩이에 불과할 뿐이다.

불영사에서 하룻밤 묵어갈 기회가 온다면 나는 그 밤을 오롯이 불영지(佛影池) 연못가를 서성이며 새벽예불을 알리는 목탁소리를 기다릴 것이다. 그때쯤이면 연못 속에 숨어있던 새끼 연잎이 새벽이슬을 받쳐들기 위해 뽀얀 손바닥을 물결위로 내밀 것이다. 그 어린 새 잎에 동글동글한 이슬방울이 맺히면 달빛도 덩달아 내려앉아 목탁소리에 흔들리는 연잎을 이리저리 굴러다닐 것이다. 얼마나 맑은 소리이겠는가. 얼마나 맑은 빛이겠는가. 그러한 청음(清音)과 청광(清光)이 불영사 연못에는 성성하게 살아있기에 천축산은 늘 청정무구한 모습을 간직할 수 있는 것이다.

태초에 불영계곡을 차지한 채 요지부동으로 서있는 기암괴석의 무리들은 돌덩이가 아니라 그곳에 법석을 펴놓고 무심(無心)의 경지에 든 중생을 기다리고 있는 보살의 화신이라는 생각이 든다. 그렇지 않고서야 비가 오면 비에 젖고, 바람이 불면 바람에 젖으면서 천 년을 한 결같이 도도한 자세로 서있을 수 있단 말인가.

　그래서 불영사에 가면 경치를 담아오려 하지 말고 가지고 갔던 마음까지의 일체를 비우고 와야 한다. '심즉시불(心卽是佛)'이라 했다. 마음이 곧 부처라는 것이다. 여기에서의 마음이란 비운마음, 욕심이 없는 마음이다.

　불영사에 가면 모두들 무아지경에 빠져든다고 한다. 그 무아지경의 순간이 곧 무심의 경지다. 그때만은 괴로움도 없다. 외로움이나 쓸쓸함도 느끼지 못한다. 무엇을 탐내던 욕심마저 사라진다. 괴로워하고 쓸쓸해하고 욕구로 가득하던 내 모습이 아닌 것이다. 그처럼 나마저 잃어버린 상태가 무아지경인 것이고, 그 순간은 누구나 부처가 되는 것이다.

　불영사에 드는 순례자는 거의가 법당의 부처님보다 연못에 어른거리는 그림자 부처를 먼저 찾는다. 절에든 사람이라면 마땅히 법당부터 참배하는 것이 불가의 법도다. 그러나 불영사에서만큼은 그 법도를 어기고 불영지부터 기웃댄다 해도 잘못된 일이 아니다. 마음을 비운 사람의 눈에나 그림자 부처가 보인다고 했으니, 연못부터 기웃거리는 마음이 곧 부처가 되고 싶은 마음이지 않겠는가.

경주
불국사 佛國寺

토함산吐含山 기슭의 광대한 일대를 독점하고 있는 불국사는 그 구조부터 다른 사찰과는 사뭇 다르다. 불국사에 대한 설명은 이것으로도 족하다. 그러나 대웅전 앞에 서있는 석가탑과 다보탑에 대한 자랑까지 생략되어서는 안 된다. 왜냐하면 그 두 개의 탑은 불국사의 것이 아니라 우리 민족문화의 결정판이기 때문이다.

법흥왕 즉위 14년째인 527년, 신라의 경주에서는 충격적인 사건이 벌어졌다. 법흥왕은 나라에 절을 세우려 하였으나 귀족들의 반대로 뜻을 이루지 못하고 실의에 빠져 있었다.

그때 성은 박(朴)이요, 이름은 염촉(厭觸)이라는 사인(舍人)이 하급 관리임에도 왕 앞에 나서서 말했다.

"저를 죽이시어 대왕의 원을 이루소서. 소신이 저녁에 죽어 아침에 불교가 행해진다면 부처의 해는 중천에 뜨고 대왕께서는 영원히 편할 것입니다."

자신을 죽여 불교를 반대하는 대신들의 고집을 제압하고 신라를 위대한 불교국가로 만들어 달라는 간청이었다. 그러나 왕이 "어찌 죄 없는 사람을 죽이랴.”하며 물러가라 해도 뜻을 굽히지 않았다. 마침내 염촉을 재상들 앞에 세우고 목을 베었다. 그러자 흰 젖이 한 길이나 솟구치며 하늘은 어두워져 석양이 빛을 감추고, 땅이 진동하며 비를 뿌렸다. 법흥왕이 슬퍼하여 눈물이 용포를 적시고, 재상들이 근심되어 흘리는 진땀이 관에 배었다. 갑자기 샘이 말라 물고기와 자라가 튀어 오르고(…) 모두가 슬퍼하며 시신을 거두어 북망산 서쪽 고개에 장사 지냈다. 그리고 서라벌의 좋은 터를 골라 절을 세우고 자추사(刺楸寺)라 했다. 이후 집집마다 부처를 받들면 대대로 영화로워지고, 사람마다 불도를 행하면 불법의 이치를 깨달아 이로움을 얻게 되었다.

〈삼국유사〉에서 전하는 이차돈의 순교와 관련된 기록이다. 자추사는 지금의 경주 백률사이고, 염촉은 이차돈을 소리 나는 대로 한자로 옮긴 것이다. ‘이차’는 고대 신라의 말로 ‘싫다’는 뜻이므로 ‘싫을 염(厭)’과 같고, ‘촉’은 ‘돈’과 엇비슷한 발음이었다. 그래서 후세에 ‘이차돈’이 된 염촉의 순교로 그가 죽은 이듬해인 528년에 비로소 진흥왕의 어머니 영제부인(迎帝夫人)의 발원으로 사찰을 세우고 불국사(佛國寺)라 했다. 불국정토를 만들겠다는 법흥왕의 의지를 그렇게 집약해 놓은 것이다.

그 뒤를 이어 분황사, 흥륜사, 황룡사 등이 창건되었으나 불국사처럼 나라의 도성인 서라벌 한복판을 차지하지는 못하고 그보다는 변방으로 밀려났던 것이다. 그것만 보아도 불국사가 신라를 불교국가로 세우는 데 얼마나 큰 역할을 했으며, 그 중심 사찰로서의 위엄이 어느 정도였는가를 미루어 짐작하기에 충분하다.

서라벌의 혼이 깃들어있는 토함산(吐含山) 기슭의 광대한 일대를 독점하고 있는 불국사는 그 구조부터 다른 사찰과는 사뭇 다르다. 일주문도 없고, 해탈문도 없고, 사천왕문도 없다. 그 대신 청운교(靑雲橋)와 백운교(白雲橋)를 건너면 바로 대웅전이고, 연화칠보교(蓮花七寶橋)를 건너면 극락전이다. 문을 거치지 않고 다리(橋)로 표현된 돌계단만 오르면 주불(主佛)을 배알할 수 있는 것이다. 이러한 구조는 불국사가 왕실 사찰로서 일반 백성의 출입은 금했다는 증거다.

존엄한 왕족이나 귀족들만 출입하는 곳이니 번잡한 통과의례를 거치지 않고도 드나들 수 있는 구조를 취했던 것이다. 또한 수많은 전각과 당우를 회랑(回廊)으로 연결한 장중한 구조 역시 비가 와도 왕의 용포를 젖지 않게 하기 위한 배려의 산물이다.

불국사에 대한 설명은 이것으로도 족하다. 지금은 세계문화유산으로 지정됨으로써 외국인도 널리 알고 있는 이야기를 중언부언할 필요가 없다. 그러나 대웅전 앞에 서있는 석가탑과 다보탑에 대한 자랑까지 생략되어서는 안 된다. 왜냐하면 그 두 개의 탑은 불국사의 것이 아니라 우리 민족문화의 결정판인 것이고, 세계인 모두가 공유하면서 신라

인들의 천재적인 손재주를 부러워하는 인류문화의 정수(精髓)이기 때문이다.

그러나 그 자리에 석가탑만 있다면 간소하고 단아한 모습이 장중함을 갖출 수 없고, 다보탑만 있다면 화려함이 넘쳐 절제가 미덕인 예술적 가치를 감소시켰을 것이다. 석가탑과 다보탑이 나란히 있음으로 해서 석가탑은 다보탑의 넘침을 가려주고, 다보탑은 석가탑의 모자람을 가려주며 '절제된 화려함'이라는 일찍이 세상에 없던 찬사를 받고 있는 것이다.

또한 단조롭기에 위엄이 있어 보이는 석가탑은 남성적이고, 화려함의 극치를 이룬 다보탑은 여성적이다. 이처럼 음양의 조화를 절묘하게 배치시킨 것은 우주의 모든 생명은 음양의 합일로 탄생되기 때문이다. 음양이 창조해내는 생명의 탄생으로 인간세계의 영원성이 보장되는 것이니, 석가탑과 다보탑은 국운이 영원무궁 하기를 염원하는 신라인들의 간절함이 만들어낸 위대한 예술품인 것이다.

의성
고운사 孤雲寺

고운사는 지장기도처로 이름이 높다. 이승을 하직하고 저승에 들면 염라대왕이 '고운사를 가본 적이 있더냐?'라고 묻고는 극락으로 보낼지 지옥으로 보낼지를 결정한다는 우스갯소리가 생겨날 정도다.

옛날 신라 스님들은 부처님의 설법전을 세우는 일에 너나없이 목숨을 걸었던 모양이다. 우리나라 고찰 가운데 신라 스님의 이름이 등장하지 않는 창건 역사를 지니고 있는 곳은 극소수에 불과하다. 그것도 거의가 의상이나 원효이고, 그 이후에는 도선국사 독주체제라 해도 이상하지 않다.

조사님들의 원력이 아무리 크기로서니 절을 세우는 공력이 요즘의 아파트를 세우듯 후다닥 해치울 일이 아니고 보면 몹시 괴이쩍다는 생각이 든다. 아마도 조사님들이 부지런히 산천을 돌며 터를 잡아주면 그 제자들이 절을 세우고 공덕을 스승님께 돌린 때문이지 않나 싶다.

조계종 제16교구 본사인 고운사(孤雲寺)도 신라 고승 의상대사가 세우고 도선국사가 중창한 것으로 되어있다. 삼국통일 이전부터 신라의 영토였으니 이상할 것은 없다. 다만 명망 높은 고승대덕 아니면 왕실과 관련이 있어야 위신이 서는 것처럼 천편일률적인 창건 설화에 식상한 것이고, 간혹은 이름 없는 청신도의 시주로 세워졌다는 이야기도 들어 보고 싶은 것이다. 그래야 아래로 중생을 가르쳐 깨달음의 세계로 이끈다는 '하화중생(下化衆生)'의 불교원리에도 합당하지 않겠는가.

　　그러한 면에서 '고운(孤雲) 최치원(崔致遠)이 절을 중수하고 자신의 호를 따서 고운사(孤雲寺)라 했다.'라는 이야기는 참신하다. 최치원은 신라를 대표하는 거유(巨儒)이면서도 출신이 미천하여 변변한 벼슬도 얻지 못하고 평생을 변방으로 떠돌던 인물이다. 집권세력으로부터 소외 받던 비주류 인생이 고운사라는 절집에 두 개의 누각을 세우고 원래 고운사(高雲寺)였던 것을 고운사(孤雲寺)로 고쳐 부르게 했다는 것이다. 유(儒)·불(佛)·선(仙)에 모두 통달하여 경계 없이 넘나들긴 하였으나 당대 최고의 유학으로 추앙받던 그가 불사 공덕을 쌓았다는 것은 이변에 속하는 것이다.

　　고운사를 '절다운 절'이라고 한다. 50여 개의 말사를 거느린 제16교구 본산의 체면으로는 초라하다 싶을 만큼 소박한 절제미를 유지하고 있기 때문이다. 몇 안 되는 당우 가운데 '우화루(羽化樓)'와 '가운루(駕雲樓)'가 최치원이 달아놓은 현판이다. 불교적 의미의 우화루(雨花樓)는

'흔하다' '꽃비가
내린다' 는 뜻이지
만 고운사의 그것
은 '날개가 돋아 신
선처럼 날아다닌
다' 는 우화등선(羽
化登仙)에서 따 붙인 이름이니 도교적 냄새가 강하다. 가운루(駕雲樓) 역
시 최치원이 지은 원래 이름은 가허루(駕虛樓)였다. '없는 것(虛)을 짊어
지고(駕) 간다' 는 뜻이니 불교적 이름이지만 최치원 같은 대문장이 아
니고서는 휘저어놓기 어려운 멋진 풍류가 담겨있다. 평생토록 계율과
습의라는 불성을 짊어지고 살아가야 하는 출가자의 모습은 청아하되

허술하지 않고, 고독하되 청승떨지 말아야 한다는 말씀이 아니던가.

그런 것을 고려 공민왕이 와서 지금의 '駕雲樓'로 고쳤다고 한다. 사랑하는 노국공주가 죽자 실의에 빠져 정사도 팽개친 채 팔도를 유람하다 고운사에 들렀을 때였다고 한다. 노국공주를 잃은 슬픔도 주체하기 어려운데 나라마저 쇠망해가는 꼴을 지켜보는 왕의 심정이 오죽했겠는가. 모든 번뇌를 잊고 구름처럼 떠돌고 싶은 염원을 그렇게 표현했을 것이다. 또한 사찰에서는 보기 드문 솟을 대문에 붙어 있는 만세문(萬歲門)이란 현판은 조선 영조의 어필이고, 연수전(延壽殿)은 고종황제의 만수무강을 빌기 위해 세운 전각이란다. 그런데 이 연수전 터는 나침반 바늘이 꼼짝하지 않을 만큼 땅의 기운이 세다고 한다. 그런 곳을 만수무강의 기도처로 삼았기에 고종황제가 외세에 눌려 기를 펴지 못했다는 것이고 보니 고운사는 흉한 땅기운을 누르기 위해 세워진 비보사찰(神補寺刹)이었을 것이라는 생각이 든다.

고운사는 지장기도처로 이름이 높다. 이승을 하직하고 저승에 들면 염라대왕이 '고운사를 가본 적이 있더냐?'라고 묻고는 극락으로 보낼지 지옥으로 보낼지를 결정한다는 우스갯소리가 생겨날 정도다. 절 입구에 붙어 있는 '법계도림(法界圖林)'이란 안내판은 의상스님이 자신이 바라본 극락세계를 설명한 '화엄일승법계도(華嚴一乘法界圖)'를 뜻하는 것으로 여기가 의상이 꿈꾸던 만다라의 세상임을 알 수 있는 것이다.

그래서인지 고운사 가는 길은 속세의 때가 전혀 묻지 않은 청결성을

유지하고 있다. 사하촌도 없고, 고기 굽는 집도 없고, 막걸리집도 없고, 잡상인도 없다. 오직 짓푸른 수림만 우거져 있을 뿐이다. 주차장에서 절까지의 1km는 금강송이 터널을 이루고 있다하여 아예 '솔굴'이라 불릴 만큼 청정한 길이다. 그리고 그 끝에는 사바세계와 끝없는 정담이라도 나누고 싶어서인지 울타리도 없고 경계도 짓지 않은 '절다운 절' 고운사가 있는 것이다.

부산
범어사 梵魚寺

성질 급한 부산의 향토색과는 달리 범어사 스님들은 서두름이 없다. 우아하면서도 단정한 당우의 기와 골에 낙수처럼 쏟아지는 달빛으로 몸과 마음을 닦아내다보니 심성마저 은은해진 탓이리라.

　　　　　1952년 현충일에 있었던 일이라고 한다. 6.25사변으로 부산까지 밀려온 정부가 범어사에서 전몰군경 합동위령제를 봉행키로 하고 조실로 계시던 동산 스님에게 법주의 소임을 맡아달라고 부탁했다. 스님은 쾌히 승낙하고 당일 오전 10시에 대통령이 도착하는 대로 행사를 진행키로 했으나 이승만 대통령은 그 시간이 지나도 나타나지 않았다.

　행사장에 미리 와있던 유가족과 시민 모두가 초조하게 기다릴 것은 뻔했다. 그런데도 아무런 연락도 주지 않다가 11시가 되어서야 모습을 나타냈다. 유엔군 사령관을 비롯한 각국의 외교관들을 대동하고 오느라 시간이 지체되었던 것이다. 대통령은 대웅전 법당에 참배도 하지 않

고 중절모를 눌러 쓴 채 손가락으로 부처님을 가리키며 외교사절들에게 무언가를 설명하기에만 열중이었다. 바로 그때 동산 스님의 호통이 떨어졌다.

"소위 일국의 대통령이란 분이 백성들과 약속한 시간도 지키지를 않고, 또한 불전에 와서 절도 하지 않고 부처님께 손가락질을 해대는 것은 어디서 배운 예의범절인고?"

동산 스님의 불호령이 떨어지자 이승만 대통령은 그 자리에서 동산 스님께 사죄하고 법당에 들어 참배한 뒤에야 위령제를 회향할 수 있었다. 자존심 강하기로 소문난 이 대통령이니 많은 사람들이 지켜보는 앞에서 망신을 준 동산 스님을 괘씸하게 생각할 법도 했지만 대인은 대인을 알아본다고 했던가. 오히려 동산스님의 거침없는 성품을 흠모하여 국무총리를 맡아달라고 간청까지 했던 것이다. 그러나 동산 스님은 일 언지하에 거절했다.

"대통령의 도리는 나라를 지켜야 하는 것이고, 승려의 도리는 산문을 지켜야 하는 것입니다. 승려 된 자로서 부처님을 버리고 절을 떠날 수 없습니다."

그렇다. 새는 깊은 숲속에 있어야 즐겁고, 물고기는 깊은 물속에 있어야 즐겁다. 새가 숲을 좋아한다 하여 물고기가 숲으로 들어서는 안 되고, 물고기가 물을 좋아한다 하여 새가 물속으로 들어서는 안 된다. 하물며 한국불교의 선찰대본산(禪刹大本山) 금정산 범어사의 영원한 스승인 동산(東山) 대종사께서 어찌 높은 벼슬에 연연할 것이며 속세에 미련을 둘 것인가.

동산 스님이 주석하기 전의 범어사는 일본승려들의 소굴이었다. 이 땅을 지배한 일본총독부가 조선의 민족문화를 말살하기 위하여 처음으

로 세운 정책이 조선불교의 맥을 끊어버리는 일이었다. 그리고 그 첫 희생물로 택한 것이 범어사였다. 범어사는 임진왜란 때 서산대사와 그의 제자인 사명대사가 승병을 이끌고 왜적과 싸운 뒤 서산 문하의 스님들이 머물며 호국불교의 법통을 이어가던 호국사찰이다. 총독부는 눈에 가시 같던 범어사의 스님들을 몰아내고 그 자리에 일본 승려들을 불러들여 조선의 호국불교 정신을 파괴하는 본거지로 삼았던 것이다.

범어사에 터를 잡은 왜색불교는 광복이 된 뒤에도 사라지지 않았다. 이를 안타깝게 여긴 동산 스님은 용성(龍城) 스님과 함께 왜색불교의 본거지인 범어사에서 한국불교에 잔존하는 왜색을 척결하기 위한 정풍운동을 일으켰다. 그러나 쉬운 일이 아니었다. 일본인 주지 밑에 붙어살며 왜색에 물든 조선 승려들의 반발이 컸다. 동산 스님은 그들을 몰아내기 위해 손에 장작개비를 쥐어든 채 날마다 절 마당을 뛰어다녀야 했다.

그처럼 꼿꼿한 선승(禪僧)이 계셨기에 오늘의 한국불교가 되살아난 것이고, 그처럼 큰 스승을 조실로 모셨던 범어사인 만큼 창건설화부터 다른 사찰의 그것과는 다르게 황금빛이 도는 것이다.

'동국의 남쪽에 명산이 있어서 그 산정에 높이가 50여 척이나 되는 큼직한 바위가 있고, 그 한가운데 샘이 있는데 물빛이 금색으로 범천(梵天)의 고기가 놀았다. 그래서 산 이름을 금정산(金井山)이라 하고, 절을 범어사(梵魚寺)라 한다.' 라고 〈동국여지승람〉에 전해지고 있다.

범어사에 들어 눈여겨 보아야 할 것은 근대 건축가들도 경탄해 마지 않는 대웅전의 독특한 건축양식이다. 다른 사찰의 그것에 비해 우아하기 이를 데 없지만 또한 단정함을 잃지 않음으로써 보는 이들에게 위압을 주지 않고, 주변경관을 제압하지도 않는 겸손성을 유지하고 있는 것이다.

그래서인지 성질 급한 부산의 향토색과는 달리 범어사 스님들은 서두름이 없다. 우아하면서도 단정한 당우의 기와 골에 낙수처럼 쏟아지는 달빛으로 몸과 마음을 닦아내다 보니 심성마저 은은해진 탓이리라.

"달은 눈을 한번 감았다 뜨는데 한 달이나 걸리니 눈을 감고 있는 날도 있겠지요. 그런데 우리 스승님은 하루도 빠짐없이 달을 보라고 하십니다. 그래야 서두르는 마음이 사라진다는 것이지요."

눈빛이 초롱한 사미의 말대로 삼라만상 모두가 인생의 스승이다. 다만 사물을 어떻게 보느냐에 따라 다르기에 동산 스님께서는 늘 '우주만물은 자신이 생각하기 나름이니 삼계의 모든 고통도 내 자신이 반드시 편하게 할 수 있다.' 고 말씀하셨을 것이다. 내가 고통스러울 때마다 다른 고통을 보면서 '내 아픔은 별것이 아니구나.' 라고 생각할 수만 있다면 몸과 마음이 늘 편안하다는 말씀이다.

밀양
표충사 表忠寺

표충사는 이 땅의 수많은 절 가운데 가장 당당한 얼굴을 하고 있다. 얼굴은 마음의 창이다. 얼굴 표정만 보고도 당당한 사람인지, 비굴한 사람인지, 착한 사람인지, 악한 사람인지 판단할 수 있다. 표충사는 그 이름부터 당당하다. 나라와 겨레에 충성을 다한 절이라는 뜻이니 그보다 떳떳할 것이 무엇이겠는가.

'군계일학(群鷄一鶴)'이란 말이 있다. 닭의 무리에 섞여있는 한 마리의 학처럼 많은 사람 가운데서 유난히 돋보이는 사람을 일컬을 때 쓰는 말이다. 표충사가 그런 절이다. 이 땅의 수많은 절 가운데 가장 당당한 얼굴을 하고 있다. 얼굴은 '얼'의 '꼴' 즉, 마음의 창이다. 욕심, 질투, 시기 따위의 부끄러운 마음이 조금이라도 있으면 당당한 표정을 지을 수 없다. 표정(表情)이란 것도 마음속 생각(情)이 겉(表)으로 드러난 상태를 뜻한다. 그래서 얼굴의 표정만 보고도 당당한 사람인지, 비굴한 사람인지, 착한 사람인지, 악한 사람인지를 판단할 수 있는 것이다.

표충사(表忠寺)는 그 이름부터 당당하다. 나라와 겨레에 충성을 다한 절이라는 뜻이니 그보다 떳떳할 것이 무엇이겠는가. 임진왜란 때의 승병장 사명(四溟)대사를 낳아 기르고 그에게 승병을 양성하는 훈련장으로 내어주었다가 사명이 죽어서는 그의 구국혼(救國魂)까지를 끌어안고 있는 충혼사찰이다.

법당 앞에 있는 우화루(雨花樓)에는 사명대사가 임진왜란 당시 승병을 이끌고 왜적과 맞서 싸웠던 10년간의 진중일기인 〈분충서난록(奮忠抒難錄)〉 목판을 비롯하여 입었던 옷과 찬그릇과 그가 일본에 건너가 도꾸가와 막부와 강화조약을 체결하고 귀국할 때 선물로 받아온 연화발우(蓮花鉢盂) 등의 유물이 전시되어 있다. 또한 우화루 옆에 있는 표충서원에는 임진왜란 당시 승병장으로 활약하여 훗날 '임란삼충승(壬亂三忠僧)'으로 추존된 서산(西山), 사명(四溟), 기허(騎虛) 스님의 영정을 모시고 있어 충혼 사찰로서의 기상을 드높이고 있는 것이다.

표충사는 서역에서 온 인도 승려 황면(黃面) 스님이 석가세존의 사리를 모시고 와서 창건한 것으로 전해지고 있다. 일찍이 원효 스님이 대나무밭에 세웠던 죽림사(竹林寺) 터다. 그 때가 신라 홍덕왕 때인 7세기 무렵이니 신라에는 이미 이전부터 인도나 당나라 승려들이 들어와 포교활동을 하도록 문호를 개방했던 것이다. 그리고 서역에서 온 승려가 이 땅에 절을 세웠음을 기린다는 뜻으로 '서래각(西來閣)'이라는 현판을 달고 있는 전각 앞에는 창건주 황면 스님이 모셔온 석가사리보탑 말고도 또 하나의 사리탑이 나란히 서있다. 조계종 초대 총무원장과 종정을 지낸 효봉(曉峰) 스님의 승탑(僧塔)이다.

스님은 한국인 최초의 법조인으로 평양 복심법원(고등법원) 판사로 재직하다가 사람이 사람을 벌해야 하는 모순성에 회의를 느끼고 금강산 신계사로 출가하여 일생을 고결한 구도자로, 혹은 자비로운 교화승으로 살다간 근대 불교의 큰 스승이다.

말년을 표충사에서 살다가 세수 아흔의 나이에 깊은 좌선에 든 것처럼 앉은 채로 열반했다. 수좌에게 '나 오늘 죽을란다.' 고 미리 예언한 그 날 그 시각이었다. 스님에게는 그의 삶과 치열한 수행과정을 그대로 반영하는 별명이 네 개나 붙어 다녔다. '판사중' '엿장수 스님' '절구통 수좌' '곰탱이중' 이 그것이다. '판사중' 은 판사출신이라서, '엿장수 스님' 은 3년간 엿장수로 탁발을 하며 남은 돈으로 교화사업을 했기 때문이다. '절구통 수좌' 는 한번 면벽수행에 들어가면 엉덩이가 물러 터져 방석에 달라붙는 지경이 되어도 일어설 줄을 모르는 것이 마치 절구통 같았기에, '곰탱이중' 은 곰처럼 토굴을 파고 들어간 뒤 밥그릇과 용변을 내보낼 구멍만 남겨둔 채 벽을 치게 하고 하루 한 끼만 먹으며 용맹정진 하기를 1년 6개월 만에 박차고 나왔다 해서 비롯된 별명이다. 실로 목숨을 건 치열한 수행은 '살아도 산 것이 아니요, 죽어도 죽은 것이 아니다.' 라는 화두를 풀기 위함이었고, '선행이 극락이요, 악행이

지옥' 이라는 진리를 구하기 위함이었던 것이다.

　표충사를 품고 있는 재약산은 산나물이 많아 눈이 채 녹지도 않은 이른 봄부터 나물꾼의 장사진이 십리를 뻗칠 정도란다. 나물뿐 아니라 귀한 약초 뿌리도 많고, 계곡을 흐르는 물은 삼계업장(三界業障)을 씻어낼 만큼 달고 서늘하다.

　나병에 걸린 신라 흥덕왕의 셋째 왕자가 처연한 몰골을 비관하며 세상을 떠돌다가 재약산에 이르러 풀뿌리를 캐먹고 옥류동천 계곡물을 마시면서 며칠을 보냈는데 온 몸에 퍼진 부스럼이 깨끗이 나았다. 이 소식을 들은 흥덕왕이 뛸 듯이 기뻐하며 신비한 약초와 약수가 있는 산이라 하여 '재약산(載藥山)' 이라는 이름을 내림으로 고마움을 표했던 것이다.

　그 정상은 펑퍼짐한 고원지대로 넓이가 120만 평이나 된다고 한다. 그 광활한 고원을 억새가 뒤덮고 있는데, 가을이 되면 일망무제로 끝없이 펼쳐진 억새의 향연이 '영남 알프스' 라는 수식어로는 충분한 감탄사가 되지 못한다. 이곳의 억새는 키가 작으면서도 부드러워 소소한 바람에도 낭창거리며 새품의 색깔을 시시각각으로 변화시킨다. 은빛인가 싶으면 황금물결이 되었다가 때로는 희색의 새벽바다로 출렁거리기도 한다. 그리하여 누구든지 사자평 억새밭에 발을 들이는 순간, 세상과는 격리된 고독감을 맛보거나 혹은 맹렬한 산짐승이 되어 한없이 내달리고 싶은 욕구를 억제할 수가 없는 것이다.

양산
통도사 通度寺

청청하기 그지없는 자장율사의 선풍禪風은 영축총림의 가풍으로 귀착되어 천 년이 지난 오늘에까지도 통도사의 법등을 밝히고 있다. 자장율사가 중국에서 모셔온 석가여래의 정골頂骨사리와 가사袈裟를 봉안한 금강계단金剛階段과 그 주변을 에워싼 숭엄한 기운은 통도사의 전부라고 해도 과언이 아니다.

통도사 일주문처럼 승(僧)과 속(俗)의 경계를 분명하게 구별하고 있는 산문은 별로 없다. 일주문을 넘어서기까지의 그 많은 음식점과 술집에서 뿜어내는 속세의 냄새가 불지종가 국지대찰 통도사의 문턱을 넘는 순간 장엄한 고요의 적멸세계로 변하고 만다. 그러한 분위기는 이 나라 불교정신의 뼈대를 이어가는 통도사로서 마땅히 지켜야 할 엄정한 가풍이며 계율인 것이다.

양산 통도사에는 자장율사가 중국에서 모셔온 석가여래의 정골(頂骨) 사리와 가사(袈裟)를 봉안한 금강계단(金剛階段)과 그 주변을 에워싼 숭엄한 기운 말고는 아무것도 없다. 비록 50여 동의 고색창연한 전각과 당우가 하늘을 찌를 듯 우람하게 서있고 헤아릴 수 없이 많은 보물과 문화재가 가는 곳마다 늘어서있다. 하지만 그것들은 모두 금강계단의 위엄을 지키기 위해 세워둔 부속일 뿐 그 이상의 의미는 없다. 그래서 통도사에 들면 금강계단만 보이는 것이고, 나도 모르는 사이에 발걸음은 금강계단을 향하고 만다. 그리고 그 앞에 엎드려 간절한 마음으로 머리를 조아리고 나면 통도사 순례는 끝나는 것이다.

다만 되새길 것은 '모든 불법에 통달하여 모든 중생을 건지라(通諸萬法度濟衆生)'고 하신 부처님의 성지(聖旨)를 받들기 위해 1천 3백여 년 전의 신라 고승 자장율사(慈裝律師)가 이 자리에 절을 세우고 '통도(通度)'라는 이름을 현판에 새겨 놓았다는 것이다. 자장은 그 스스로가 만법을 통달하기 위해 뼈를 깎는 구도행각을 실천했던 신라불교의 최고봉으로 평가받는 인물이다. 중생을 제도하기 위해 신라왕족으로서 누릴 수 있는 모든 것을 불살랐던 것이니 진불(眞佛)이나 다름없는 것이다.

계율을 받들기 위해서 처자권속을 버린 것은 물론이고, 조정에 들어와 정사에 참여하지 않으면 목을 베겠다는 왕의 지엄한 명도 거절했다. 또한 선덕여왕이 승하하여 조문을 오지 않으면 역적으로 참수하겠다는 위협에도 미동도 하지 않고 묵묵히 산 속에 들어앉아 도만 닦았다.

吾寧一日待戒而生　내 차라리 계율을 지키며 하루를 살지언정
不願百年破戒而生　계율을 깨트리고 백년 살기를 원치 않노라.

먼 혈족인 자장을 사모해 오던 선덕여왕이 사람을 보내 강제로 끌어오게 하였으나 위와 같은 글을 써서 사자에게 주었을 뿐 죽음을 무릅쓰고 응하지 않았다. 요석공주와의 하룻밤 인연으로 평생을 파계승으로 수모당하며 살아야 했던 원효와는 판이한 엄정함이 그에게는 있었던 것이다.

그리고 그 쩡쩡하기 그지없는 자장율사의 선풍(禪風)은 영축총림의 가풍으로 귀착되어 천 년이 지난 오늘까지도 통도사의 법등을 밝히고 있음이다. 구한말 이후만 해도 영축총림이 배출한 선지식은 수없이 많다. 구하, 경봉, 월하 스님 같은 종단의 거봉 거승들이 이곳 영축 문중이다.

여기에도 통도팔경(通度八景)이 있다. 그 중에 몇 곳을 고른다면 첫째, 산문에서 만나는 영취계곡에서 일주문까지 이어지는 약 1km정도의 숲길을 들 수 있다. 남쪽 땅의 걷는 길 중에서 가장 아름답다는 찬사를 듣고 있는 경관을 '무풍한송(舞風寒松)' 이라 하여 1경으로 치는 것이다. '바람은 춤을 추듯 불어오고 소나무는 늘 차가운 기운을 머금고 있다' 는 뜻처럼 청정도량 통도사를 더욱 푸르러 보이게 하는 노송 밀집 지대다.

2경은 '취운모종(翠雲暮鐘)' 이라 하여 통도사 부속암자인 취운암에서 들려오는 은은한 저녁 종소리를 듣기 위해 모여든 사람들의 경건한 모습 또한 아름답다는 것이다.

　3경은 '안양동대(安養東臺)'라 해서 아름드리 소나무에 둘러싸인 안양암의 동쪽 축대에 올라 바라보는 영축산의 암봉(岩峰)들이 펼치는 군무가 일품이라는 것이다. 임진왜란 때는 이곳에 주둔해 있던 왜병들이 산봉우리 의병부대를 향해 화살을 겨누다가 눈앞에 전개된 경관이 너무 황홀해서 활대마저 땅바닥에 떨어트렸다는 얘기가 전해질 정도의 가경이다. 이 밖에도 이름난 승경이 수두룩한 것이나 이 또한 국지대찰 통도사를 품에 안기 위해서는 자연이 갖추어야 할 최소한의 덕목이라 할 수 있다.

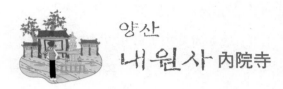

내원사는 '내원사 20리 계곡'의 기묘한 아름다움에 누가 되지 않을 만
큼의 적당한 치장을 하고 있다. '영남 알프스'로 통하는 천성산의 과한
치장과 어울리기에는 과함도 없고 부족함도 없다.

정갈하다고 해야 할까? 향기롭다고 해야 할까? 아니면
고결하다거나 그냥 아름답다고 해도 무방할 것인가?

영축총림 통도사의 말사이면서 동국제일선원(東國第一禪院)인 양산
내원사(內院寺)는 절을 찾는 나그네에게 이런 번민을 안겨주는 비구니
사찰이다. 내가 처음 내원사를 보았을 때는 참으로 도도하다는 느낌이
었다. 너무 오똑하게 예쁘고 잘생겨서 거만해 보이기까지 했던 것이다.

하지만 그러한 표현이 얼마나 부적절한 것인가는 금방 깨닫게 된다.
사찰의 전각이나 당우들은 그 옆을 흐르는 '내원사 20리 계곡'의 기묘
한 아름다움에 누(累)가 되지 않을 만큼의 적당한 치장을 하고 있다. 여
느 사찰보다는 창연(蒼然)한 게 사실이다. 그러나 '영남 알프스'로 통하

는 천성산의 과한 치장과 어울리기에는 과함도 없고 부족함도 없다. 그러한 절의 모습은 '이것이 있으므로 저것이 있으며, 이것이 생겨났음으로 저것이 생겨난다.' 라고 일주문 앞에 새겨놓은 글귀처럼 일체합일사상(一切合一思想)을 보여주는 겸손의 미덕이지 않겠는가.

스님들 역시 동국제일선원에서 수행하는 선승(禪僧)답게 이미 마음을 비운지 오래라는 듯 모두가 해맑은 보살의 얼굴이다. 이를 어찌 도도하다 할 것인가. 결국은 천성산 내원사의 아름다움을 제대로 표현할 수 있는 단어를 나는 아직껏 찾아내지 못한 것이다. 그러나 도도하다는 말에는 '그득하게 퍼져 흘러가는 모양이 막힘이 없고 기운차다.' 라는 뜻도 포함되어 있는 것이니, 그러한 면에서 '도도한 절' 이라고 해도 전혀 잘못이 아니다.

왜냐하면 원효대사께서 창건하여 1300여 년을 보낸 사력(寺歷) 속에는 석담, 설우, 퇴운, 완해 등 고대의 고승대덕을 시작으로 근대의 고승인 혜월, 운봉, 향곡, 명안, 수옥, 법희, 선경 등 수많은 청안납자(青眼衲子)가 내원사의 선방을 환하게 밝혀왔던 것이다.

〈송고승전(宋高僧傳)〉에 전해지는 창건설화도 거룩하다. 내원사의 창건주 원효 스님은 지금 부산 동래에 있는 암자에 머물고 있었다. 그런데도 당나라 산서성에 있는 태화사의 뒷산이 사태로 무너져 그 절에서 수행하고 있는 일천의 목숨들이 위급지경에 이른 것을 알고 나무판에 '해동의 원효가 이 판자에 위급한 사정을 적어 보내 대중을 구하려 한

다.(海東元曉 拓板求衆)'는 글을 적어 태화사로 날려 보냈다. 태화사의 대
중들이 그것을 받아보고 일주문 밖으로 황급히 몸을 피하자마자 절은
산사태에 휩쓸려버리고 말았다.

　그 일이 있고난 뒤 원효 스님의 신통력으로 목숨을 구한 태화사의 일
천 대중이 원효 스님에게 도를 구하고자 신라로 왔다. 원효 스님은 그
들을 받아들이고 신라에 머물며 수행할 수 있는 터전을 물색하기 위해
지금의 용연리 부근을 지나고 있을 때였다. 문득 산신령이 나타나 "이
원적산은 천 명의 대중이 도를 이룰 수 있는 길지입니다. 청컨대 이곳
에 절을 짓고 그들을 머물게 하소서." 하므로 원효 스님이 그 말을 따라

절을 짓고 원적산(圓寂山)이던 주산을 천성산(千聖山)으로 고쳐 부르게 하였다. 당나라 태화사에서 온 천 명의 대중이 모두 득도하여 성인이 되었다는 뜻인데 그곳이 지금의 내원사인 것이다.

그 천성산이 오늘에 와서는 '영남알프스'라는 찬사와 함께 뭇 사람들의 사랑을 받는 까닭은 산정에서 발원한 물이 내원사 옆으로 흘러내리며 기기묘묘한 절경을 그려놓았기 때문이다. 내원사 계곡은 '처처폭야 처처소야(處處暴也 處處沼也)'라는 옛 시인의 표현처럼 곳곳이 폭포요, 곳곳이 못이다. 이에 감탄한 어느 서생이 천길 암벽을 아스라이 기어올라 '小金剛'이라는

휘호를 새겨놓은 것이니, 이는 마치 목숨과 바꿔도 아깝지 않을 절경임을 외치고 있는 모습처럼 보이는 것이다.

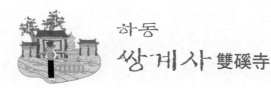

하동
쌍계사 雙磎寺

하동군 금남면 노량리에서 쌍계사까지의 십리 벚꽃터널은 전국에서 가장 환상적인 봄맞이길이다. 하지만 쌍계사 일주문 앞의 석문石門을 들어서면 꽃길을 걸어오는 동안 꿈틀거리던 황홀의 속진俗塵은 씻은 듯 사라지고 정갈하고 경건한 마음에 저절로 두 손이 모아진다.

하동하면 떠오르는 것이 하나 둘이 아니어서 모두 설명하기는 불가능하고, 김동리의 소설 〈역마(驛馬)〉를 인용하면 이렇게 시작된다.

'하동 화개장터에서 화개협(花開峽) 시오리를 따라 쌍계사에 가기로 한다. 좋은 산, 좋은 절을 가는데 하필 계절을 고를 까닭은 없으나 지리산 남쪽 하동 쌍계사는 나른한 봄이 좋다. 벚꽃은 화개협 맑은 섬진강 줄기를 따라 지천으로 피어서 도열해 있고, 아지랑이는 먼 곳을 울려주고 있는 그런 봄날, 이 땅을 오랫동안 떠돈 역마의 명운(命運)을 가지고 쌍계사 시오리를 들어가는 것은 이 땅에 충실하는 일이 된다.'

섬진강 비릿한 물 냄새가 거품처럼 떠도는 남도에서는 글 한 줄을 써도 토속적인 언어를 구사할 수 있는 것이고, 영화 한 편을 만들어도 섬진강을 배경으로 찍어야 토속적인 추임새 한가락쯤은 뽑아낼 수가 있다. 그래서 남도의 글쟁이들이 맛깔스럽다는 평가를 받는 것이고, '서편제'나 '취화선' 또는 '천년학' 같은 고전적 영화가 모두 섬진강을 배경으로 만들어졌다.

태평양을 건너 하동포구로 밀려오는 봄빛은 참으로 부지런하다. 지리산 자락을 덮은 눈발이 녹기도 전에 이 땅의 춘색(春色)이란 춘색은 다 끌어안고 풍각쟁이의 날라리 가락처럼 남도 삼백리를 휘감아 도는 것이다. 섬진강 얼음 풀리는 소리가 들리기도 전에 지리산 만복대 밑으로는 산수유 꽃망울 터지는 소리가 요란하다.

동구 앞을 흐르는 계곡을 따라 수만 그루가 들어선 산동마을의 산수유나무는 봄 한철에 세 번이나 꽃망울을 터뜨린다. 처음에는 노란 꽃봉오리를 터뜨리고, 그 다음에는 꽃잎을 터뜨리고, 다시 터지면서 하얀 꽃술을 드러낸다. 한 그루에 수만 송이의 꽃망울을 매다는 나무가 수만 그루다. 그러나 샛노란 꽃구름이 좋다고 오래도록 바라보다가는 아편에 취한 듯 정신이 혼미해지고 마는 것이다.

거기에서 고개를 돌리면 봄 한철에 찾아오는 상춘객들의 심장까지 매화에 묻힌다는 다압면이다. 자그마치 백만 그루의 매화등걸에서 쏟아지는 꽃잎을 발목으로 휘저으며 걸어가는 남도의 봄날은 나그네의 가슴을 환장시키고야 마는 풍만한 요염성을 갖추고 있다.

"바람 한 점 없는 밤에 밖을 내다보면 환한 달빛을 받아내다 그 무게를 견디지 못하고 기어이 뚝뚝 떨어지는 꽃망울이 안쓰러워 밤새도록 한 잠을 이룰 수 없다."는 다압면의 촌로야 말로 봄빛의 농염한 관능을 제대로 표현해낼 줄 아는 진짜 시인이 되어있는 것이다.

하동군 금남면 노량리에서 쌍계사까지의 십리 벚꽃터널은 전국에서 가장 환상적인 봄맞이길이다. 특히 화개장터에서 쌍계사까지 빼곡하게 서있는 백년 수령의 아름드리 꽃길은 아예 '혼례길'이라는 이름이 붙어 있다.

화창한 꽃날, 청춘남녀가 그 길을 걷다가 연분홍 화색의 황홀감이 주는 흥분을 주체하지 못하고 결국은 서로를 끌어안고 꽃 무덤 속으로 숨어들고야 만다고 해서 혼례길이라 하는 것이다. 하지만 쌍계사 일주문 앞의 석문(石門)을 들어서면 꽃길을 걸어오는 동안 꿈틀거리던 황홀의 속진(俗塵)은 씻은 듯 사라지고, 정갈하고 경건한 마음에 저절로 두 손이 모아진다.

쌍계사는 조계종 제13교구 본사다. 달마의 구법정신을 잇는 선종(禪宗) 육조(六祖) 혜능조사의 정골(頂骨)을 봉안하기 위해 세운 선종사찰이다.

"꽃구경을 온 게야. 그런데 올 봄에도 혼자인가?"

"저야 늘 혼자입지요. 노장께서도 이렇게 혼자이지 않습니까?"

"나 같은 늙은이도 우화(雨花)에 젖는 감회가 울렁거리는데 젊은 그대가 혼자이기엔 꽃길이 너무 화창하지 않은가?"

노스님과의 객쩍은 인사로는 남도의 춘색에 감염된 고독감을 말끔하게 털어낼 수는 없다. 법당에 들어 그보다 더 늙고 더 고독한 부처님께 무수한 절이라도 올려야 지독한 봄병을 치유할 수가 있을 성 싶다.

절에 들면 절을 해야 한다. 부처님을 위해서가 아니다. 절은 오체를 다 움직이는 전신운동이다. 절을 할 때마다 몸의 기운이 상체로 모여 머리를 맑게 해주고, 심폐는 물론 힘줄과 뼈마디까지 탱탱하게 해주는 만인의 건강법이다. 불가에서는 절을 할 때마다 업장이 소멸되는 공덕이 쌓인다고 한다. 오체투지는 마음을 경건하게 가라앉혀 주고 겸손하게 다잡아주는 능력을 지니고 있기 때문이다.

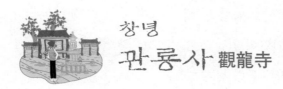

창녕
관룡사 觀龍寺

관룡사의 고색古色은 어디에서도 볼 수 없는 독자적인 창연함을 지니고
있다. 우선 성곽처럼 육중하게 쌓아올린 석축의 이끼를 손톱으로 긁어
보면 얼마나 오래 묵은 세월의 두께인지 감을 잡을 수 없다.

창녕 관룡사는 신라 진평왕 때인 538년에 증법국사가 창
건한 것으로 되어있다. 신라에 불교가 처음으로 공인되어 사찰을 짓기
시작한 것이 법흥왕 때인 527년이라고 〈삼국유사〉는 전하고 있으니 관
룡사는 신라불교 초기에 세워진 사찰이다. 그러나 임진왜란으로 모든
전각이 불탔을 때 유일하게 화를 피한 약사전의 대들보에서 '영화5년
기유(永和五年 己酉)' 라는 상량문이 발견됨으로 사적기에 전하는 연대보
다 훨씬 이전에 세워진 것으로 사학계에서는 추측하고 있다. 약사전 상
량문에 적힌 '永和' 는 중국 동진시대의 목제(穆帝)가 사용하던 연호(年
號)로써 서기 349년에 해당한다는 것이다. 그렇다면 처음으로 불사가
시작되었다는 538년보다 190년이나 앞서 창건되었다는 얘기다.

이것이 사실이라면 일연 스님이 〈삼국유사〉에서 '신라에는 전불(前佛)시대부터 일곱 개의 가람이 있었다.'고 밝힌 사찰 가운데 하나가 관룡사일 수도 있다는 생각이 든다. 전불(前佛)은 석가세존을 뜻하는 것이고, 후불(後佛)은 미륵불을 뜻하는 것이지만 여기에서의 '전불'은 신라에 불교가 들어오기 전의 시대를 말하는 것 같다. 그렇게 이해한다면 창녕 관룡사는 경주 불국사보다도 그 역사가 400여 년이나 앞서는 신라 최고(最古)의 사찰이 되는 것이다.

어찌 되었든 관룡사의 고색(古色)은 어디에서도 볼 수 없는 독자적인 창연함을 지니고 있다. 우선 성곽처럼 육중하게 쌓아올린 석축의 이끼를 손톱으로 긁어보면 얼마나 오래 묵은 세월의 두께인지 감을 잡을 수 없다. 전각을 덮은 기와에서부터 기둥과 주춧돌에 이르기까지, 또는 마당의 불탑과 그 그늘에 이르기까지 일체의 표정이 마치 백발이 성성한 도사가 반질반질하게 닳고 닳은 석장을 짚고 서있는 모습이다. 그래서 이곳에는 신라시대부터 고려시대와 조선시대의 대표적 유물이 고루 섞여 있어 이 나라 불교문화의 시대별 변천사를 연구하는데 중요한 사료가 되고 있는 것이다.

자연경관 역시 사적기의 첫머리를 장식하고 있을 만큼 빼어난 명승이다. '창녕현 동쪽에 높고 크며 숲이 빼어난 화왕산이 있다. 화왕이라 한 지가 오래되었으나 언제인지는 알 수가 없다. 산 동쪽의 아름다운 곳에 관룡사라는 사찰이 있다.'고 사적기는 시작하고 있는 것이니 얼

마나 아름다운 경관인지 미루어 짐작할 일이다.

　그러나 거기에 미처 담지 못한 경관 가운데 빼놓을 수 없는 것이 관룡사 가는 길의 진달래 군락지와 억새밭이다. 봄철 화왕산은 온통 진달래로 뒤덮여서 '불기운이 왕성하다.' 는 뜻의 '화왕절경(火旺絶景)' 에 일조를 하고 있는 것이다. 물론 능선을 빼곡하게 메우고 있는 기암절벽이 마치 불꽃 같기에' 화왕 '이라 했을 터이지만 봄철 진달래 또한 거대한 불기둥으로 타오르고 있지 않은가. 그랬던 것이 가을이 되면 또 하얀 억새꽃을 밀어 올려 봄철의 불꽃과 여름의 신록을 그 속에 감추는 것이니 이 또한 세월의 무상함을 깨닫게 하는 무언설법(無言說法)처럼 느껴진다.

화왕산에 들었으면 용선대와 우포늪의 상관관계를 터득해야 한다. 그것을 빼놓고는 관룡사 순례의 의미가 없다. 절 뒤편 산길을 따라 2~30분 정도 오르면 깎아지른 벼랑에 불쑥 솟아오른 바위가 '반야용선(般若龍船)'을 상징하는 용선대(龍船臺)다. 《법화경》에서 반야용선은 '고통에 빠진 중생을 극락정토로 건너가게 해주는 배'라고 했으니, 불교보다 5백년도 넘게 태어난 기독교에서 구원의 상징으로 등장시킨 '방주'가 바로 '반야용선'의 복제품이라는 생각이 든다.

그리고 그 반야용선 지근에는 우포늪이 있다. 우포와 함께 사지포, 목포, 쪽지포 등 네 곳의 늪지대를 통칭하여 '우포늪'이라 하는데 무려 70여 만 평에 이르는 광대한 늪지다. 이것을 어떤 이는 '화왕산 반야용선이 중생을 싣고 극락세계로 드는 물길'이라 하고, 또 어떤 이는 '화왕산의 불기운을 제압하는 수호 못'이라고도 한다.

어찌되었든 그 두 개의 이야기가 모두 화왕산과 관련이 있는 것만은 분명하다. 하지만 그런 것은 중요하지 않다. 1억 4천만 년 전에 생성되었다는 우포늪이 오늘에 이르기까지 누구하나 손 댄 흔적도 없이 본래의 모습 그대로 유지되고 있다는 것이니 이곳이 바로 영원불변의 청정도량이지 않겠는가.

남해
용문사 龍門寺

절 뒤편 기슭에 차밭을 가꾸고 있어서인지 스님이 들어있는 방마다 은은한 차향이 법문처럼 맴돌며 방안 공기를 연하고 부드럽게 정화시켜주고 있다. 차나무를 가꾸고 잎을 얻는 노고 또한 하루하루를 치열하게 정진하여 달콤한 불법의 열매를 얻는 일과 다름이 없다.

한국의 보물섬인 남해도, 하동과 이어지는 연륙교가 없던 옛날 옛적에 지리산 호랑이가 바다를 헤엄쳐 건너와 살았다고 해서 유래한 호구산(虎丘山) 정상의 봉수대에 올라보라. 해상국립공원 한려수도를 이루고 있는 올망졸망한 섬들이 마치 남해의 유리알 같은 파도가 여기저기 쏘다니며 낳아놓은 해란(海卵)처럼 보인다. 그중에 어느 것은 금방이라도 껍질을 깨고 나와 제 어미의 젖꼭지를 찾아 가는 아기처럼 바다를 엉금엉금 헤엄쳐 다닐 것 같은 환상에 젖어드는 것이다.

바다에 놓인 징검다리 라 해도 무방할 만큼 총총하게 떠있는 섬과 섬을 눈길로 밟아가노라면 동으로 삼천포가 보이고 거기에서 여수와 광양을 지나면 지리산 천왕봉이 시선을 가로막는다.

이처럼 남해안 일대를 한 눈에 굽어볼 수 있는 조망의 명당이기에 남해 사람들은 외부에 알려지는 것을 달갑지 않게 생각하여 〈산경표〉에도 이름을 올리지 않은 '숨겨진 산'이다. 그러나 오랫 동안 왜구의 노략질에 시달려온 남해 사람들이다 보니 이곳 호구산에 올라서도 일본 쪽으로는 눈길도 주지 않는 전통이 오늘에까지 이어지고 있다는 것이다.

남해는 우리나라의 섬 가운데 산이 제일 많고 그 산들은 모두 성터를 간직하고 있다. 빈번한 왜구의 침입을 막아내기 위해서 쌓았던 성곽의 흔적들이다. 그 남해의 중심 사찰인 호구산 용문사도 신라 원효 스님이 창건한 이래 왜구가 발호할 때마다 크고 작은 상처를 입었으며, 임진란 때에는 승의병(僧義兵)의 본거지로 왜적과 맞서다가 대소전각을 모두 잃고 마는 참화를 입었다. 그러나 이 땅의 사찰은 쓰러지면 일어서고 쓰러지면 다시 일어서서 법등(法燈)을 밝혀드는 눈물겨운 저력을 지니고 있는 것이다. 그리하여 전란으로 점철된 고난의 세월을 극복한 천년고찰이 한반도 구석구석마다 강건하게 남아서 여기 남해의 외딴섬에 이르기까지 창연하게 비추고 있지 아니한가.

용문사라는 절은 대찰만도 셋이나 된다. 그 혼란을 피하기 위해 경기도 양평의 용문사는 제일 위쪽에 붙어있으니 '상룡'이고, 예천의 용문사는 중간에 있으니 '중룡'이고, 남해 용문사는 그중 제일 아래에 속해서 '하룡'으로 분류된다. 절 뒤편 기슭에 제법 깔끔한 차밭을 가꾸고 있어서인지 스님이 들어있는 방마다 은은한 차향이 법문처럼 맴돌며 방안 공기를 연하고 부드럽게 정화시켜 주고 있는 것이다. 차나무를 가꾸고 잎을 얻는 노고 또한 하루하루를 치열하게 정진하여 달콤한 불법의 열매를 얻는 일과 다름이 없다.

그렇게 얻은 찻잎을 가마에 넣고 정성스레 덖은 다음, 맑은 물을 받아다 우려낸 찻물을 하얀 잔에 따라놓고 마시는 일조차 잊은 채 깊은 사념에 들어있는 무사한도인(無事閑道人)의 모습을 선방에서는 보여줘

야 한다. 절집에 든 나그네는 그러한 사찰의 분위기에서 선적(禪的)인 의미를 감지해내고 방하착(放下着)의 묘용에 휘말려들고 말 것이기 때문이다.

불가에 널리 전래되는 '올연무사좌(兀然無事坐)하니, 춘래초자청(春來草自靑請)' 이란 말이 그것이다. 수행자는 세월이 가거나 오거나 무슨 상관이냐는 듯 무심하게 벽만 바라보며 앉아 있는 것 같지만 그것은 어디에도 매이지 않는 삼매(三昧)의 수행법인 것이다. 그 수행의 기운이 사바세계의 경계를 뛰어넘어 무릇 중생에게까지 깨달음의 이치가 전해지는 것이고, 그것은 마치 봄이 오면 누가 굳이 애쓰지 않아도 풀은 저절로 푸르러지는 것과 같은 이치가 아닌가.

남해 용문사를 찾는 나그네 또한 오고가는 길에 한려수도의 아름다운 바다와 바다에 떠있는 무수한 섬들을 보게 될 것이다. 그리고는 그 섬들을 끌어안고 있는 바다처럼 나도 누군가를 끌어안는 넓은 마음으로 살아야겠다는 자각을 이끌어낸다면, 그것만으로도 용문사가 그곳에 있어야 하는 선적인 의미가 되는 것이다.

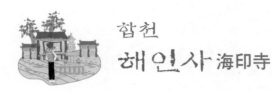

합천

해인사 海印寺

해인삼매海印三昧에 드는 길은 사시사철이 장관이다. 봄에는 시오리나 늘어진 벚꽃이 눈부시고, 여름에는 푸르디 푸른 계곡물소리가 귀를 맑게 씻어준다. 가을에는 진분홍 단풍 물결이 몸속 깊이 흐르는 핏줄까지 환하게 밝혀주고, 겨울에는 아름드리 침엽수에서 쏟아져 나오는 송진 냄새에 몸과 마음이 알싸하게 젖어든다.

통일신라 말엽, 허망하게 기울어가는 국운을 슬퍼하며 벼슬을 버리고 해인사에 은거하던 고운(孤雲) 최치원(崔致遠)이 홍류동 계곡 바위에 걸터앉아 책을 읽고 있는데 그 앞을 지나가던 동자승이 다가와 물었다.

"처사께서는 지금 무슨 책을 읽고 계신지요?"

"공자(孔子)라고 하는 성인의 책이니라."

"공자님이 지금도 살아계십니까?"

"오래 전에 돌아가셨지."

"그렇다면 처사께서는 지금 죽은 사람의 껍데기를 읽고 계신 거로군요."

"어린놈이 방자하기도 하구나. 어째서 그렇게 생각하느냐?"

"아무리 세상이치를 통달하여 사려가 깊고 넓은 성인이라 해도 그가 죽을 때 그가 지닌 생각도 없어지고, 하고 싶은 말도 없어지고, 모든 것이 없어지고 말았을 게 아닙니까? 그러니 처사께서 읽고 계신 책도 죽은 사람의 껍데기나 다름없지요."

학문에 통달하고 지식이 해박하여 중국에서조차 '해동동자'라고 우러름을 받던 최치원은 나이 어린 동승의 말에 머리를 얻어맞은 듯 정신이 혼미하여 들고 있던 책을 계곡물에 떨어뜨리고 말았다. 동자승이 홀연히 사라진 뒤에야 책을 건지려고 물을 바라보니 붉게 물든 단풍이 물 위에 비치어 흐르는 물 또한 붉게 타고 있었다.

"허어! 나도 아직 깨닫지 못한 회심의 이치를 어린아이가 알고 있다니! 내 지금껏 쌓아온 학문이 진실로 껍데기에 불과했구나."

'회심(會心)'이란 어떠한 사물과 나 사이에 가로놓인 장벽을 무너뜨리고 너와 내가 하나 되는 경지를 말한다. 사물과 나의 경계를 허물어야 내가 네가 되고, 네가 내가 될 수 있다. 그리고 그때에서야 비로소 일체의 막힘도 없고, 거침도 없는 원융무애(圓融無碍)의 통쾌한 삶을 살아갈 수 있는 것이다.

산이 깊으면 물도 맑다. 최치원이 말년을 은거해 있던 홍류 계곡물 또한 거울처럼 맑아 구름이 지나면 구름을 비치고 바람이 지나면 바람을 비친다. 백두대간 소백 정맥의 지류인 가야산과 청량산을 가르는 계곡으로, 아름드리 소나무가 순례자를 환영하기 위해 도열해 서있는 의

장대처럼 울울창창하다. 또한 송림 사이사이를 촘촘하게 메우고 있는 활엽수가 물드는 단풍철이면 계곡마저 진분홍으로 흐른다하여 '홍류계곡(紅流溪谷)'이라 하지 않았던가.

회심이란 이런 것이다. 주변의 풍광과 일색을 이루는 첩첩산중의 계곡물처럼 맑고 깨끗한 마음으로 살아가야 비로소 나와 너의 경계를 허물 수 있다. 반대로 마음이 깨끗하지 못하면 욕심이 앞서고, 욕심이 앞서면 모든 사람이 나의 성공을 가로막는 걸림돌일 뿐이다.

어린 동자승이 최치원이라는 동방의 최고 지성에게 '껍데기'라고 몰아세웠던 것도 아무리 학식이 높다 한들 마음이 깨끗하지 못하면 불행해 진다는 것을 깨우쳐주기 위함이었을 것이다. 또한 최치원이 어린 동자의 말에 부끄러움을 느끼며 스스로를 한탄했던 까닭도 그의 학문이 오로지 벼슬과 공명을 얻기 위함이었고, 마침내 그 공명이 하늘에 닿았지만 결국 사람들로부터 시기와 질투의 대상이 되어 세상을 등지고 살아가야 하는 불행한 처지가 된데 대한 뉘우침이었던 것이다.

해인삼매(海印三昧)에 드는 길은 사시사철이 장관이다. 봄에는 시오리나 늘어진 벚꽃이 눈부시고, 여름에는 푸르디 푸른 계곡 물소리가 귀를 맑게 씻어준다. 가을에는 진분홍 단풍 물결이 몸속 깊이 흐르는 핏줄까지 환하게 밝혀주고, 겨울에는 아름드리 침엽수에서 쏟아져 나오는 송진 냄새에 몸과 마음이 알싸하게 젖어드는 것이다. 그리고 그 황홀한 자연의 오케스트라를 지휘하듯 중심에 우뚝 서있는 천불봉의 위엄은 초대 주한 프랑스대사였던 로제 샹바르씨로 하여금 "내가 죽으면 유골을 가야산에 뿌려 달라."는 유언장을 쓰게 할 만큼의 빼어난 비경이다.

산봉우리를 가득 메운 기암괴석이 마치 천개의 불상을 세워놓은 것과 같다하여 '천불봉'인데, 하얀 화강암 군상들이 노을에 물들면 그 모습이 마치 개금 불상처럼 금빛으로 눈이 부시다. 그리고 그 비경은 불교에 낯선 유럽인이 자신의 영원한 안식처로 불국정토를 택하게 했고, 로제 샹바르씨가 죽은 뒤 가족들에 의해 그의 유골은 천불봉에 뿌려져 법보사찰 해인사와 하나가 되어 있는 것이다.

사람이 죽는 것도 죽는 것이 아니라 가는 것이고, 보내는 것일 뿐인데 신라시대 화엄십찰(華嚴十刹)의 하나로 세워진 해인사가 비록 천 년의 장구한 세월을 보냈다고 해서 경이로워 할 필요는 없다. 비록 돌아드는 곳마다 수려하지 않음이 없고, 아름다운 산수를 첩첩이 거느리고 있는 자태가 한 폭의 그림 같다 해도 대장경판이 없었다면 해인사는 그저 낡고 오래된 빈티지(vintage)한 모습에 불과했을 것이다.

오늘의 해인사를 해인사답게 만든 것은 그곳에는 고려시대에 판각한 81,258장의 장대한 대장경판이 있고, 천 년이 흐르도록 우리 민족문화의 해와 달이 되어주고 있기 때문에 이 나라 불교문화를 비롯한 모든 문화의 주체로 받들어지고 있는 것이다. 해인사의 팔만대장경판이 우리 한국 문화의 긍지를 높이는데 얼마나 소중한 가치를 지니고 있는가에 대하여 만해 한용운은 이렇게 적고 있다.

　- 나는 지금까지 해인사를 참배하지 못하였다. 이것이 나의 수치라면 수치다. 왜냐하면 해인사는 조선의 명찰일 뿐 아니라 조선 문화의 최고봉인 동시에 세계적으로 귀중한 고려대장경판이 보관되어있으므로 외국인들도 다투어 해인사를 참배하거늘 하물며 조선인이고 승려된 사람이리요. 그리하여 해인사 참배가 나의 오랜 소망이었지만 일찍이 찾아오지 못한 것을 수치스럽게 생각하는 것이다. (…) 판전에 보관되어 있는 8만여 개의 장경판은 우리 선조들의 손으로 만든 세계적인 위업이다. 선조들의 손때가 그대로 묻어있는 경판을 대하는 순간, 진실로 피가 끓는 사람이라면 어찌 감격의 눈물을 뿌리지 않을 것이며, 이처럼 위대한 유적에 참배하는 것이 어찌 행복이 아니리오. -

　대장경판을 설명함에 이처럼 다정한 만해 스님의 글을 빌릴 수 있으니 이 또한 얼마나 큰 행복이랴.

제주
관음사 觀音寺

아픈 역사를 딛고 다시 서느라 그럴듯한 창건설화도 갖출 수 없었던 관
음사는 신도들의 두터운 신심이라도 보여줄 셈인지 산문부터 이어지는
기다란 절 길은 보기 좋은 남방식물로 터널을 이루고 있으며, 그 양쪽
으로는 준수하게 다듬은 불상들이 일정한 간격으로 도열해 있는 것이
퍽이나 이채롭다.

하늘길이 열리기 전의 제주는 죽음의 땅이었다. 우선 바
람이 많고 땅이 메말라 농사를 지어먹기가 어려웠다. 강우량은 많지만
땅은 금방 말라버린다. 화산이 뿜어낸 현무암이 쌓여 만들어진 섬이라
비가 오는 대로 곧장 스며들기 때문이다. 어쩔 수 없이 시커먼 남지나
해의 파도에 목숨을 거는 수밖에 없다. 그러나 그 사나운 풍랑은 수많
은 목숨들을 집어삼키기에 충분한 포악성을 휘두르고 있는 것이다. 그
래서 왕조시대에는 사약보다 무서운 형벌이 제주 유배였다. 사약을 받
은 죄인은 주검이라도 보전할 수 있지만 제주로 유배를 떠난 죄인은 그
나마도 자취 없이 사라지는 경우가 허다했다.

제주까지 노를 저어가려면 한 달이나 걸린다. 시시각각 표변하는 남지나해의 사나운 풍랑을 일엽편주로 뚫다가는 물귀신 되기가 십상이다. 죄인을 압송하는 금부도사가 그걸 모를 리 없다. 배를 저어 가다 바다가 꿈틀거릴 징조라도 보이면 죄인을 바다에 밀어 넣고 뱃머리를 돌려버리는 행위가 다반사로 일어났다. 그래서 추사 김정희는 제주 유배에 오른 죄인의 몸으로 돈을 대어 큼직한 돛배를 빌렸기에 목숨을 부지할 수 있었다.

제주는 그래서 한도 많고 원귀도 많은 슬픈 땅이다. 서귀포나 모슬포 앞바다가 바람으로 뒤집히는 날에는 물속에 가라앉았던 원귀(冤鬼)들이 미역줄기처럼 해변으로 휩쓸려 나와서 울부짖는 귀곡성(鬼哭聲)이 한라산 백록담을 때린다는 것이다. 거기에는 이재수의 난과 4.3사건에 휘말려 영문도 모르게 죽어간 떼귀신도 포함되는 것이니, 그 무수한 원귀들을 달래줄 무당도 많고 사찰도 많았기에 '당오백 사오백(堂五百 寺五百)' 이라는 말까지 생겨났다. 무당이 사는 당집이 오백이나 되고, 승려가 사는 사찰이 오백이나 되었다는 얘기다.

그러나 수많던 사찰은 조선시대의 숭유억불이라는 광풍으로 씨도 없이 사라지고 말았다. 제주는 탐관오리를 징치하는 유배지의 성격도 가지고 있었다. 토착질로 백성의 원성이 높은 벼슬아치 가운데 죄질이 가장 나쁜 자를 골라 제주로 좌천을 시켰던 것이다. 그렇게 부임해온 탐관이 할 짓이라곤 죽음의 땅으로 내몰린데 대한 분풀이 뿐이었고, 손쉬운 표적이 사찰을 불사르는 짓거리였다. 명색이 숭유척불을 외치던

조선의 벼슬아치이니 부임하는 족족 사찰을 불태우는 바람에 오백이
나 되었던 무수한 사찰이 흔적도 없이 사라지고 말았다. 폐사지나마 남
아있던 것은 오로지 관음사(觀音寺) 뿐이었던 것이다.

그 아픈 역사를 딛고 다시 서느라 그럴듯한 창건설화도 갖출 수 없었
던 관음사는 어느새 제주불교의 본사로서 전혀 손색 없는 풍채를 갖추
고 있다. 신도들의 두터운 신심이라도 보여줄 셈인지 산문에서 본전까
지의 기다란 절 길은 보기 좋은 남방식물로 터널을 이루고 있으며, 그
양쪽으로는 준수하게 다듬은 불상들이 일정한 간격으로 도열해 있는

것이 퍽이나 이채롭다.

　세상에! 불상의 사열을 받아보는 환대도 감격스러운 것이지만 본전 마당에는 한라산 노루까지 거동해가지고 그 착하디 착한 눈으로 "먼 길 오시느라 수고하셨으니 제주의 시원한 바람으로 목욕이나 하고 편히 쉬십시오."라며 반갑게 맞아주는 것이다.

　그 마당에서는 설망대 할망이 단 일곱 번의 삽질로 쌓았다는 한라산이 한 눈에 올려 뵌다. 백록담 언저리를 서성대며 세상을 둘러보면 아득한 수평선과 하늘이 맞닿아 있는 틈새를 비집고 나 혼자 서있는 것

같은 고립감에 빠져들고 만다. 나 뿐만이 아니다. 한라산도 그 고립감을 이기지 못하고 백록담을 위시하여 성판오름, 어승생오름, 다라이오름, 사라오름, 거문오름, 도공오름, 노루오름 등 수많은 분화구로 제 속살을 토해 내서 분지를 만들고 거기에 사람들을 살게 했던 것이다.

그리고 그 사람들이 억센 바람을 견디지 못하고 떠날 것을 염려하여 일 년 삼백예순 닷새를 몽땅 쏘다니며 즐기고도 남을 '영주십경(瀛州十景)'을 빚어 놓았으니 이런 것이다.

제주 동쪽 성산포의 성산봉에서 해돋이의 장관을 감상하는 성산일출을 제 1경으로, 곳곳에 들어선 귤 밭이 황금열매로 출렁이는 가을풍경, 사라봉 망양정에서 조망하는 서해바다 해넘이풍경, 봄바람이 불어오는 산지포(山地浦)에서 밤낚시를 즐기며 빼곡하게 떠다니는 고기잡이배의 집어등이 이룩한 불야성, 서귀포나 모슬포 앞바다를 인어처럼 헤엄쳐 다니는 해녀들의 물질이 볼만한 것이다. 또한 한라산 백록담에서 서남쪽에는 금강산 만물상에 견줄만 한 500여 개의 기암이 군락을 이루고 있고, 남제주 화순의 천연동굴이 조성해 놓은 산방굴사(山房窟寺)에서 바라보는 동지나해의 끝없이 펼쳐진 바다는 일망무제의 삼매경이다. 영구춘화(瀛邱春花)라 부리는 진달래군락, 표선목장을 뛰노는 소떼와 말떼의 군상, 그리고 정방폭포와 백록담을 뒤덮은 만년설은 한라산 설망대할망이 제주의 고독감을 달래줄 심사로 펼쳐 놓은 비경인 것이다.

베드로의 산사탐방

초판 1쇄 인쇄_ 2020. 11. 1.
초판 1쇄 발행_ 2020. 11. 1.

글_ 구자권
표지_ 고암 정병례(전각가)
사진_ 고영배(사진작가)

펴낸이_ 김중근
펴낸곳_ ∞연중

출판등록_ 제300-2002-256호(2002년 11월 30일)
주소_ 서울 강북구 삼양로 474-1, 3층(보경빌딩)
전화_ 02)312-3205
팩스_ (02)723-5986
등록번호 _ 제300-2002-256호(2002년 11월 30일)

ISBN 979-11-89593-02-5 03980

값 13,000원